建筑防火设计问答与图表解析
（第二版）

教锦章　编著

中国建筑工业出版社

图书在版编目（CIP）数据

建筑防火设计问答与图表解析／教锦章编著．—2版．
北京：中国建筑工业出版社，2017.9
ISBN 978-7-112-21123-4

I.①建…　II.①教…　III.①建筑设计-防火-问题解答
IV.①TU892-44

中国版本图书馆 CIP 数据核字（2017）第 203793 号

　　本书以问答形式诠释建筑专业民用建筑防火设计的常见问题，并分类、分项以图表解答，以及对应《建筑设计防火规范》划分章节，概括全面、条理清晰，便于查询和理解记忆。同时，还阐明了建筑防火设计的基本框架与脉络，以摆脱防火设计的盲目性。本书是建筑师必备的实战"辞典"！

责任编辑：杨　虹　牟琳琳
责任校对：王宇枢　李美娜

建筑防火设计问答与图表解析（第二版）

教锦章　编著

＊

中国建筑工业出版社出版、发行（北京海淀三里河路9号）
各地新华书店、建筑书店经销
北京嘉泰利德公司制版
北京建筑工业印刷厂印刷

＊

开本：787×1092毫米　1/16　印张：$9\frac{1}{4}$　字数：250千字
2017年11月第二版　2017年11月第二次印刷
定价：32.00元
ISBN 978-7-112-21123-4
　　　（30773）

第二版前言

　　针对问题寻求解答、以图表汇总解析规范条文、按专项和专题汇评相关规定，是本书编写的基本框架，也是与众不同的亮点，从而颇受建筑师的关注！据此，本版结合一年来设计和审图工作的感悟，继续丰富其内容。特别是将专项汇要和专题研讨分别成章，且增编较多，故更利于查询和深入探索！

　　由于本书一版编写于 2015 年 4 月之前，其主要依据为新《建筑设计防火规范》的电子版和《建筑设计防火规范》图示的未修改版，致使部分条文的引述与正式文本有异，故必须修改，以免误导读者！

　　本版仍由教锦章编著。北京的建筑师曲晓明参与并担任绘图工作，特此致谢！

第一版前言

《建筑设计防火规范》简称建规 2014 年版的颁布，必将进一步确保人民生命和财产的安全，以及促进建筑经济的发展。尤其是原《建筑设计防火规范》与《高层建筑防火规范》的合并与修编，将更便于建筑师正确理解与执行。然而，规范虽然是实践的总结并用于指导实践，但又必然滞后于实践。因此，新《建规》仍有盲区，对某些问题尚无相应的规定或规定不够明确。此外，鉴于其他规范编制单位、年代和理念的不同，与新《建规》的规定难免有所差异，甚至矛盾。对此，建筑师应有清醒的认知，在设计中应及时与消防审批部门沟通确定。

主编人曾编著《建筑防火设计问答 100 题》一书，颇受建筑师的青睐，并反馈不少问题与建议。为配合新《建规》的执行，决定在该书的基础上，重新组织编写，从而使本书保留和增加了以下亮点：

一、对建筑专业民用建筑防火设计的基本框架与概念，进行了梳理和阐述，目的在于：使建筑师掌握防火设计的脉络，摆脱盲目性。

二、仍沿用"问答式"体例，选择常见和代表性的防火设计问题，从"反向"总结相关规范中寻求到的解答和依据，从而辑成一册辞典式的实战手册。

三、尽量采用图表解答。由于规范条文的措词为确保严密准确，往往较长和分散于多项条文中，因此将相关规定解析、汇总列表，则可做到概括全面、条理清晰、一目了然，更便于理解和记忆。

四、增加专项汇要。工程设计系按建筑子项进行，而规范均按措施类别编辑。二者的错位必然导致：一栋建筑的防火设计规定分散于不同的章节，甚至不同的规范中，以致难免造成遗漏或误引。为此，本书将常见的建筑项目（如地下车库、商店等）的相关防火设计规定"一网打尽"，集中列表汇总，以利于建筑师"按图索骥"，万无一失。

五、对应"建筑防火设计的基本框架"划分章节，并与新《建规》基本吻合，便于查询和日后增补条目。

鉴于专业、知识、经验和精力的限制，本书编辑的范围，仅限于建筑专业（含总平面）和民用建筑的防火设计内容。所有答案或建议均系个人观点，故望得到同行的讨论指正、共商共享，达到抛砖引玉、事半功倍的初衷！当然，查阅本书时，应对照依据的规范原文，最终的结论均应以消防审批部门的意见为准。

本书系中国建筑西北设计研究院业务建设项目的成果，始终得到科技处长孙金宝和院副总建筑师李建广的直接策划与指导。参与编著的人员有：教锦章（主编）、刘绍周、屈兆焕、王觉、范敏。此外，北京的张晓冬和蔡英建筑师也积极提供素材并共同切磋，特此致谢！

本书编写依据的规范和参考书目

1.《建筑设计防火规范》GB50016—2014　　　　　　　　　　——简称《建规》

2.《建筑设计防火规范》图示（2015年修改版）13J811—1改　——简称《建规图示》

3.《住宅建筑规范》GB 50368—2005　　　　　　　　　　　——简称《住建规》

4.《住宅建筑规范实施指南》　　　　　　　　　　　　　　——简称《实施指南》

5.《建筑内部装修设计防火规范》GB50222—1995（1999和2001年局部修订）

　　　　　　　　　　　　　　　　　　　　　　　　　　——简称《建装规》

6.《人民防空工程设计防火规范》GB50098—2009　　　　——简称《人防防火规范》

7.《汽车库、修车库、停车场设计防火规范》GB50067—2014

　　　　　　　　　　　　　　　　　　　　——简称《汽车库防火规范》

8.《西安市汽车库、停车场设计防火规范》DBJ61/T77—2013

9.《民用建筑设计通则》GB50352—2005　　　　　　　　　　——简称《通则》

10.《住宅设计规范》GB50096—2011　　　　　　　　　　　——简称《住设规》

11.《中小学校设计规范》GB50099—2011　　　　　　　　　——简称《学设规》

12.《商店建筑设计规范》JGJ48—2014　　　　　　　　　　——简称《商设规》

13.《饮食建筑设计规范》JGJ64—1989

14.《宿舍建筑设计规范（附条文说明）》JGJ36—2005　　　——简称《宿设规》

15.《车库建筑设计规范》JGJ100—2015

16.《综合医院建筑设计规范》GB51039—2014　　　　　　　——简称《医设规》

17.《人民防空地下室设计规范》GB50038—2005　　　　　——简称《人防设计规范》

18.《严寒和寒冷地区居住建筑节能设计标准（含光盘）》JGJ26—2010

19.《全国民用建筑工程设计技术措施》（规划·建筑·景观）2009年版

　　　　　　　　　　　　　　　　　　　　　　　　　——简称《技术措施》

20.《建筑设计资料集》（第二版）第1册

目　　录

第1章 建筑专业民用建筑防火设计纲要

民用建筑防火设计的内涵，可用"消防"二字概括："消"者系指"灭火"，是给水排水专业设计的主要内容（如室内外消火栓给水系统、室内自动喷水灭火系统、气体灭火系统及灭火器配置等）；"防"者系指"防火"，是建筑（含总平面）专业的设计内容（如抗灾能力、控制蔓延、安全疏散、临时避难、消防救援和构造措施等）。至于通风与空调专业的设计内容（如机械防排烟），以及电气专业的设计内容（如消防电源与配电、火灾自动报警与控制系统、应急照明与指示系统等），则基本是与"灭火"和"防火"相关的保障措施。

现将建筑（含总平面）专业民用建筑防火设计的基本框架列表如后，并对其中的主要内容分节阐述于后，从而理清防火设计的整体脉络。

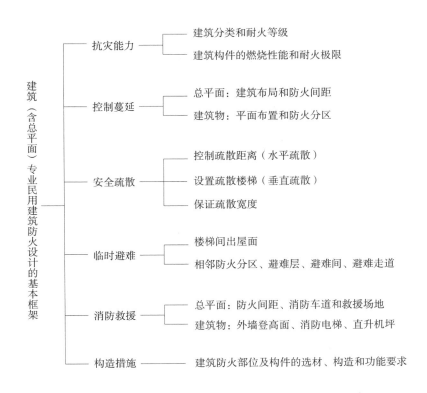

1.0.1　抗灾能力

（1）耐火等级

建筑物本身的抗灾能力，取决于其建筑构件的燃烧性能和耐火极限。据此，民用建筑的耐火等级分为一、二、三、四级，其抗灾能力依次降低（《建规》表 5.1.2）。

（2）建筑分类

高层民用建筑首先要根据其使用性质、火灾危险性、疏散和扑救难度进行建筑分类（一类和二类）。然后，再根据该类别，确定耐火等级（一类者应为一级、二类者应不低于二级），以及相应建筑构件的燃烧性能和耐火极限（《建规》表 5.1.1 和表 5.1.2），进而可知允许的最大高度（或层数），以及防火分区的最大面积（《建规》表 5.3.1）。

（3）多层民用建筑无须进行建筑分类，可依据其使用性质及重要性、火灾危险性等直接确定其耐火等级，以及相应建筑构件的燃烧性能和耐火极限（《建规》表 5.1.1 和表 5.1.2），进而即知允许的最大高度（或层数），以及防火分区的最大面积（《建规》表 5.3.1）。

（4）单建的地下建筑、多层及高层建筑的地下或半地下室，其耐火等级均应为一级（《建规》表 5.3.1）。

1.0.2　总平面布局与防火间距（控制蔓延）

（1）在总平面设计时，应将火灾危险性大的建筑、储罐、堆场尽量远离布置，有困难时应满足最小的防火间距（《建规》第 5.2.1 条）。

（2）防火间距系指："防止着火建筑在一定时间内引燃相邻建筑，便于消防扑救的间隔距离"。也即仅在一定时间内，而非绝对可以防止火灾蔓延（《建规》第 2.1.21 条）。

（3）防火间距"应按相邻建筑物外墙的最近水平距离计算，当外墙有凸出的可燃或难燃构件时，应从其凸出部分外缘算起"（《建规》附录 B）。

（4）民用建筑的防火间距取决于建筑类别（高层建筑、其他建筑和裙房），及其耐火等级（《建规》表 5.2.2）。

防火间距的折减取决于相邻建筑的功能、耐火等级、高度、相对外墙是否为防火墙、其上是否开设门窗洞口和有否防火保护措施等（详见本书表 4.0.2）。

但高度 >100m 的民用建筑不在其列（《建规》第 5.2.6 条）。

（5）相邻建筑通过连廊、天桥或底部的建筑物等连接时，其间距应满足相应的防火间距规定（《建规》表 5.2.2 注 6）。

1.0.3　建筑的平面布置与防火分区（控制蔓延）

（1）易燃易爆的建筑不应与民用建筑合建。有多种使用功能的综合楼，各部分应做防火分隔。火灾危险性大的用房不应与人员密集的厅室贴邻或位于其上、下层（《建规》第 5.4.1、第 5.4.2、第 5.4.12、第 5.4.13 条）。

（2）划分防火分区的前提条件有二：一为，不考虑相邻防火分区同时失火（否则控制火灾蔓延则无意义）；二为，室外为无火情的安全地区（否则，外墙和外门窗应为防火墙和甲级防火门窗）。

（3）划分防火分区的目的有二：其一，在一定时间内控制火灾蔓延；其二，可供临时避难、继续疏散和消防救援。

（4）住宅是否划分防火分区，《建规》无明确规定。但《住建规》第 9.2.2 条的条文说明中称："考虑到住宅的分隔特点及其火灾特点，强调户与户之间、单元与单元之间的防火分隔要求，不再对防火分区做出规定"。

（5）防火分区的构成

①水平方向：由防火墙与外墙围合而成。其防火墙上可开设甲级防火门窗或防火卷帘，管道穿墙处的缝隙应封堵。防火墙两侧外门窗的净距应符合规定或一侧为乙级防火门窗（《建规》第 6.1.3~ 第 6.1.6 条）。

②垂直方向：由层间不燃性楼板和外墙上的窗槛墙（≥ 1.2m，有喷淋时 ≥ 0.8m）或防火挑檐（≥ 1.0m）以及防火窗等隔断而成。当楼板上有敞开楼梯、自动扶梯、中庭等开口部位时，应设防火分隔措施。管道井在每层楼板处应封堵（《建规》表 5.1.2 和第 5.3.2、第 6.2.5 和第 6.2.9 条）。

（6）防火分区面积的计算

①防火分区的面积为建筑面积，且含疏散楼梯间和消防电梯间的面积。

②层间有开口部位且无防火分隔措施时，防火分区的面积应为各连通层面积的叠加值（《建规》第 5.3.2 条）。

③室内冰场或游泳池、射击场的靶道区、保龄球馆的球道区等可不计入防火分区面积（《人防防火规范》第 4.1.3 条）。

1.0.4　安全出口的定义与数量（安全疏散）

（1）安全出口是指："供人员安全疏散用的楼梯间和室外楼梯的出入口或直通室内外安全区域的出口"（《建规》第 2.1.14 条）。其中，室内外安全区域包括：室内的避难层、避难走道，以及室外场地，其中含符合疏散条件的屋面、天桥、连廊等（《建规》第 6.6.4 条）。

房门多属疏散口，但符合上述条件者也为安全出口。

（2）每个防火区或一个防火分区的每个楼层，其安全出口的数量应根据计算所需的疏散总宽度确定，且不应 <2 个。只有当符合面积、高度、人数、耐火等级、疏散距离、构造措施等相关规定时才可设置 1 个。详见本书 6.2.5 和 7.2.6，以及《建规》第 5.5.8 条。

（3）公共建筑内通向相邻防火分区的甲级防火门在限定的条件下可作为安全出口。详见本书 6.1.5。

1.0.5　控制疏散距离（水平疏散）

（1）火灾时，沿水平方向的安全疏散距离系指以下两种情况：

①公共建筑的房门或住宅的户门，经疏散走道至最近安全出口的最大距离。

该距离的限值取决于：房门（或户门）与安全出口的相对位置（位于两个安全出口之间，还是位于袋形走道的两侧或尽端）、建筑类型、层数、耐火等级、楼梯间的类型和有无喷淋等因素（详见本书 6.1.1 和 7.1.1）。

②房间内任一点至房门（或户门），以及公共建筑大空间厅堂内任一点至安全出口（或房门）的最大距离。

该距离的限值取决于：建筑类型、耐火等级、层数，和有无喷淋等因素（详见本书 6.1.2 和 7.1.4）。

（2）除按规定可设 1 个安全出口或疏散门者外，同一防火分区（或厅堂）内相邻的两个安全出口（或疏散门），其净距应 ≥ 5m（《建规》第 5.5.2 条）。以保证可双向疏散。

1.0.6　楼梯间的设置（垂直疏散）

（1）概述

①火灾时垂直疏散只能通过楼梯间完成，"自动扶梯和电梯不应计作安全疏散设施"（《建规》第 5.5.4 条），且不含消防电梯。

室外楼梯可作为次要疏散楼梯（《建规》第 6.4.5 条）。

②疏散楼梯应首选靠外墙布置，以利对外疏散和直接自然通风采光（《建规》第 6.4.1 条）。

③建筑高度 ≤ 100m 时，疏散楼梯的平面位置在各层不得改变（《建规》第 6.4.4 条）。

公共建筑的高度 >100m，疏散楼梯应经避难层错位转换上下（《建规》第 5.5.23 条）。

④垂直疏散的终点是室外，故楼梯间在首层宜直接对外开门，也可通过扩大封闭楼梯间或扩大前室通至室外。当 ≤ 4 层时楼梯间距外门 ≤ 15m 即可（详见本书 6.1.3 和 7.1.3）。

⑤地下层的疏散楼梯宜直通室外，且在首层与其他部分应设防火分隔措施。

地上层与地下层贯通的疏散楼梯（住宅户内梯除外），在首层应设防火分隔措施，以防地下层的火灾蔓延至地上层，以及引导逃生至室外（《建规》第 6.4.4 条）。

⑥楼梯间均宜通至屋面（且有的应通至屋面），可供临时避难和继续疏散（《建规》第 5.5.3 条）。

⑦楼梯间是垂直疏散的安全通道，故应能够防火（但无需为防火墙和甲级防火门），以及可防排烟（自然或机械）。且不得再开设其他门窗洞口（住宅楼梯间的前室除外）。详见《建规》第 6.4.1~ 第 6.4.3 条。

（2）疏散楼梯的类型主要取决于：建筑类型、高度（层数）或埋深、能否自然通风采光、户门的耐火等级等因素。详见本书 6.2.1~6.2.3 和 7.2.1~7.2.4。

（3）疏散楼梯数量的确定同本书 1.0.4（2）。

1.0.7 保证疏散宽度

（1）概述

①"疏散楼梯的总净宽度可分层计算"（《建规》第 5.5.21–1 条），而无须按防火分区分别计算。因为不考虑相邻防火分区同时着火，故邻区内的楼梯也可同时承担疏散任务。当然疏散楼梯的位置仍应尽量接近人流密集处，且易于寻找，以减少疏散距离和时间。

②"当每层人数不等时，地上建筑内下层楼梯的总宽度应按其上层人数最多一层的人数计算；地下建筑内上层楼梯的总宽度应按其下层人数最多一层的人数计算"（《建规》第 5.5.21–1 条）。

③"首层外门的总宽度应按该层及以上人数最多的一层人数计算确定，不供其他楼层人员疏散的外门，可按本层人数计算确定"（《建规》第 5.5.21–3 条）。

④各部位最终采用的疏散宽度不得小于限定的相应最小净宽值（详见本书 6.3.2）。

（2）疏散宽度的计算

①公共建筑各部位的疏散宽度 = 疏散净宽度指标（m/100 人）× 疏散人数（人）

其中：疏散净宽度指标，可根据建筑类型、耐火等级、所在层位查得；

疏散人数，可根据固定座位数或根据厅室的使用面积 × 人员密度（或 ÷ 人均面积）求得。详见本书 6.3.1。

②住宅各部位的疏散宽度一般均无需进行计算，可直接采用规定的最小疏散宽度。但对于通廊式住宅（特别大型且含跃廊或跃层者），其公用部位的人流量较大，应进行计算验证。详见本书 7.3.2。

1.0.8 临时避难

（1）楼梯间出屋面：不仅火灾时可供临时避难和继续疏散，也便于平时房屋维修和休息利用（《建规》第 5.5.3 条）。

因此，高度 >27m 的住宅楼梯间均应通至屋面，且不宜少于 2 座。对公共建筑《建规》虽无明确的相关规定，但在各专项建筑设计规范中均有要求。详见本书 6.2.4 和 7.2.7。

（2）相邻的防火区：因不考虑同时发生火灾，故也可供临时避难和继续疏散（《建规》第 2.1.22 条）。

（3）避难层（间）：高度 >100m 的公共建筑均应设置（《建规》第 5.5.23 条）。

高层病房楼的病房楼层和洁净手术部应设置避难间（《建规》第 5.5.24 条）。

高度 >100m 的住宅建筑应设避难层（《建规》第 5.5.31 条）。

（4）高度 ≤ 100m，但 >54m 的住宅建筑每户应设一间满足规定要求的避难房间（《建规》第 5.5.32 条）。

（5）避难走道：其设置规定详见《建规》第 2.1.17 和第 6.4.14 条。应提示两点：

①当公共建筑占地较大且全部覆盖时，往往导致中心部位的驻足点或疏散楼梯与室外的最近距离超限。为此，多在首层或地下一层设置避难走道。

②避难走道应能直通室外，其两侧应为实体防火墙，与相邻防火分区间的出入口应设防烟前室和甲级防火门，以确保安全疏散。

1.0.9 消防救援

（1）防火间距："既是防止火灾在建筑之间发生蔓延的间隔，也是保证灭火救援行动既方便又安全的空间"（《建规》第 2.1.21 条及条文说明）。

（2）消防车道

①有关建筑群体消防车道的设置规定详见《建规》第 7.1.1、第 7.1.4、第 7.1.5、第 7.1.9 和第 7.1.10 条。

②对于建筑单体：高层民用建筑或大型单、多层公共建筑均应首选设置环形消防车道，或者沿建筑的两个长边设置。住宅建筑或一侧因地形临空的高层建筑则可沿建筑的一个长边设置（《建规》第 7.1.2 条）。

③消防车道的净宽和净空高度均应 ≥ 4m、坡度 ≤ 8%，并应满足转弯半径的要求（《建规》第 7.1.8 条）。

（3）救援场地

①消防车登高操作场地的总长度应 ≥ 高层建筑的 1/4 周边长度且 ≥ 1 个长边长度。对应的建筑外墙在该范围内不应布置进深 >4m 的裙房；并应按规定层位设置救援窗口，以及应在首层设有疏散楼梯的出口。（《建规》第 7.1.2、第 7.2.1、第 7.2.3 和第 7.2.5 条）。

②该救援场地的长度 × 宽度 ≥ 15m×10m（建筑高度 ≥ 50m 者为 ≥ 20m×10m），场地坡度宜 ≤ 3%；靠建筑外墙的侧缘与外墙应相距 ≥ 5m 但 ≤ 10m，且应与消防车道连通；建筑高度 ≤ 50m 时，该救援场地可间隔布置，但净距宜 ≤ 30m（《建规》第 7.2.1 和第 7.2.2 条）。

（4）消防电梯

①一类和高度 >32m 的二类高层公共建筑、高度 >33m 的住宅（均含其地下层），以及埋深 >10m 且建筑面积 >3000m^2 的其他地下建筑均应设置消防电梯，并应分别设在不同的防火分区内且每个防火分区不少于 1 台，但相邻防火分区可共用 1 台（《建规》第 7.3.1 和第 7.3.2 条）。

客、货电梯可兼作消防电梯（《建规》第 7.3.4 条）。

②消防电梯应设专用或与防烟楼梯间合用的前室，并应在首层直接或经过 ≤ 30m 的走道通至室外，以利消防人员迅速进入（《建规》第 7.3.5 条）。

③消防电梯应能每层停靠。有关消防电梯规格、井道与机房等项的要求详见《建规》第 7.3.6~ 第 7.3.8 条。

（5）直升机停机坪："建筑高度 >100m 且标准层面积 >2000m² 的公共建筑，宜设置屋顶直升机停机坪或供直升机救助的设施"（《建规》第 7.4.1 条）。其他相关规定详见《建规》第 7.4.2 条。

1.0.10　构造措施

（1）防火墙

①防火墙应为耐火极限 ≥3.0h 的不燃性墙体，其上可开设火灾时能自动关闭的甲级防火门窗（《建规》第 6.1.5 条）。

②防火墙两侧外门窗的净距应 ≥2m（内转角处应 ≥4m），设置乙级防火门窗时该净距不限（《建规》第 6.1.3 和第 6.1.4 条）。

（2）其他墙体

①根据规范要求，当建筑的某一部位进行防火分隔时，应设置耐火极限分别为 ≥1.5h 或 ≥2.0h 的防火隔墙，其上可开设乙级防火门，但空调机房和变配电室为甲级防火门（《建规》第 6.2.1~ 第 6.2.3 和第 6.2.7 条）。

②建筑外窗的窗槛墙高度应 ≥1.2m（有自动喷水灭火系统时 ≥0.8m）或为挑出宽度 ≥1.0m 的防火挑檐（《建规》第 6.2.5 条）。

③户间外窗的窗间墙净宽度应 ≥1.0m 或为突出外墙面 ≥0.6m 的隔板（《建规》第 6.2.5 条）；楼梯间的外窗与相邻外窗的窗间墙净宽应 ≥1.0m（《建规》第 6.4.1 条）。

（3）管道井（《建规》第 6.2.9 条）

①在每层楼板处应采用不低于楼板耐火极限的材料封堵。

②各类管道井应独立设置，井壁的耐火极限应 ≥1.0h，其上可开设丙级防火门。

（4）建筑缝隙

①变形缝的构造基层和填充材料应为不燃烧材料（《建规》第 6.3.4 条）。

②管道穿越防火墙、防火隔墙和楼板处的孔隙应采用防火材料封堵（《建规》第 6.3.5 条）。

（5）疏散楼梯间（《建规》第 6.4.1~ 第 6.4.3 条）

①封闭楼梯间和防烟楼梯间（含前室）应采用乙级防火门，且应向疏散方向开启（符合规定条件时，前者可为双向弹簧门），不得采用防火卷帘。

②除出入口、外窗和正压送风口外（不含住宅建筑防烟楼梯间的前室），楼梯间和前室的墙上不得开设其他门、窗、洞口。

（6）疏散门：应为向疏散方向开启的平开门，但人数 ≤ 60 人的房间且每樘门的疏散人数 ≤ 30 人者，其开启方向不限，但中小学校教室除外（《建规》第 6.4.11 条）。

（7）防火门窗和防火卷帘

①防火门窗分为甲、乙、丙三级，其耐火性能（隔热性和耐火完整性）应满足国家标准的规定（本书 8.3.1）。

②除经常有人通行处为常开防火门外，其他处应为常闭防火门。均应分别具有自闭、信号反馈和双扇顺序关闭等功能（《建规》第 6.5.1 条）。

③防火窗应采用不可开启的窗扇或火灾时能自行关闭的功能（《建规》第 6.5.2 条）。

④除中庭外，防火卷帘分隔部位的宽度有限定，其耐火性能应满足国家标准的规定。不宜采用侧式防火卷帘（《建规》第 6.5.3 条）。

（8）建筑外保温和外墙装饰

①建筑的内、外保温系统，宜采用燃烧性能为 A 级、不宜采用 B_2 级和严禁采用 B_3 级的保温材料（《建规》第 6.7.1 条）。

②建筑外墙保温分为：外墙内保温、无空腔外墙外保温和有空腔外墙外保温三大系统。各系统对保温材料燃烧性能的要求，因建筑类型（设置人员密集场所的建筑、住宅建筑、其他建筑）、建筑高度及所在的部位而不同，并应采用相应的构造措施（《建规》第 6.7.2~第 6.7.9 条）。

③建筑屋面的外保温系统，当屋面板的耐火极限 >1.0h 和 ≤ 1.0h 时，保温材料的燃烧性能应相应 ≥ B_2 级和 ≥ B_1 级（《建规》第 6.7.10 条）。

④建筑外墙装饰层应采用燃烧性能为 A 级的材料，但建筑高度 ≤ 50m 时可采用 B_1 级材料（《建规》第 6.7.12 条）。

第2章 术语解读

2.0.1 何谓"敞开楼梯间"和"敞开楼梯"？

答：未见规范的明确定义。

（1）《建规》第2.1.15条将"封闭楼梯间"明确定义为："在楼梯间入口处设置门，以防止烟和热气进入的楼梯间"。该处的门系指：乙级防火门或双向弹簧门。

（2）据此，似可将"敞开楼梯间"理解为："仅在入口处未设分隔设施的楼梯间"。至于该楼梯间其他各处的分隔设施，则系指：耐火极限不小于2.00h的不燃墙体或外门、窗。

（3）进而又可将"敞开楼梯"理解为："有两侧或两侧以上未设分隔设施的楼梯"。

（4）敞开楼梯间由于入口处无分隔设施，故无法阻止烟和热气进入。但因梯段两侧有隔墙阻燃，并有外门窗自然采光和通风，故在限定的建筑类型和层数内仍可作疏散楼梯（见本书6.2.1和7.2.1），其防火分区也仍分层计算面积。

而敞开楼梯已无法防焰和防烟，故只有在特定的条件下设置：如公共建筑内的装饰性楼梯（此时其防火分区应各层叠加计算面积，且不计入疏散总宽度），以及跃层式住宅的户内梯等。

（5）《民用建筑设计术语标准》第2.5.17条仅将楼梯间定义为"设置楼梯的专用空间"，"分为敞开楼梯间、封闭楼梯间和防烟楼梯间"，无进一步的阐明。《技术措施》第8.1.2-3条的解释与本书基本相同。

2.0.2 宿舍和公寓应按公共建筑进行防火设计吗？

答：是的。

（1）《通则》第2.0.2条对居住建筑的定义为："供人们居住使用的建筑物"。但未明确具体包括哪些建筑物。

（2）《严寒和寒冷地区居住建筑节能设计标准》第1.0.2条条文说明则解释为："居住建筑包括：住宅、集体宿舍、住宅式公寓、商住楼的住宅部分"。

（3）《宿舍建筑设计规范》第2.0.1条对"宿舍"的定义为："集中管理且供单身人士使用的居住建筑"。

（4）但《建规》表5.1.1注2规定："宿舍、公寓等非住宅类居住建筑的防火设计，除本规范另有规定外，应符合本规范有关公共建筑的要求"。

（5）综上可知：宿舍和公寓虽属居住建筑，但应按公共建筑进行防火设计。

2.0.3 防火墙与防火隔墙有何区别？

答：两者设置的位置和耐火极限不同。

（1）《建规》第 2.1.11 条对防火隔墙的定义为："建筑内防止火灾蔓延至相邻区域且耐火极限不低于规定要求的不燃性墙体"。

（2）《建规》第 2.1.12 条对防火墙的定义为："防止火灾蔓延至相邻建筑或相邻水平防火分区且耐火极限不低于 3.00h 的不燃性墙体"。

（3）综上可知，防火墙实为防火隔墙的特例，二者均为防止火灾蔓延而设置，其区别在于：

①防火墙不仅可为建筑内的隔墙尚可为建筑外墙。

②防火墙用于建筑内时，应位于相邻水平防火分区之间，而防火隔墙则应位于建筑内同层的相邻区域之间。

③防火墙应为耐火极限 ≥ 3.00h 的不燃性墙体。防火隔墙也应为不燃性墙体，但其耐火极限不低于规定要求即可（多 <3.00h）。

2.0.4 对于建筑层数的计算规定，相关规范有何异同？

答：如表 2.0.4 所列。

相关规范对建筑层数计算的规定　　　　　　　　　　　　表 2.0.4

序号	规范条文内容摘要	规范条文号	附注
1	建筑层数应按建筑的自然层数计算	《建规》A.0.2	
	当住宅楼的所有楼层的层高 ≤ 3.0m 时，层数应按自然层数计算	《住设规》4.0.5-1	仅限住宅，与《建规》有异
2	当住宅与其他功能空间处于同建筑内时，应将住宅部分的层数与其他功能空间层数叠加计算建筑层数	《住设规》4.0.5-2 《住建规》9.1.6 注 1 和 2	仅限住宅，《建规》无此规定
	当建筑中有一层或若干层的层高 >3.0m 时，应对 >3.0m 的所有楼层按其高度总和除以 3.0m 进行层数折算，余数 <1.5m 时，多出部分不计入建筑层数，余数 ≥ 1.5m 时，多出部分应按 1 层计算		
3	设置在建筑底部且室内高度 ≤ 2.2m 的自行车库、储藏室、敞开空间不计入建筑层数	《建规》A.0.2-2	二者基本相同
	层高 <2.2m 的架空层和设备层不计入住宅的自然层数	《住设规》4.0.5-3	
4	室内顶板面高出室外设计地面 ≤ 1.5m 的地下、半地下室不计入建筑层数	《建规》A.0.2-1	
	高出室外设计地面 <2.2m 的半地下室不应计入地上自然层数	《住设规》4.0.5-4	仅限住宅，与《建规》有异
5	建筑屋顶上突出的局部设备用房、出屋面楼梯间等不计入建筑层数	《建规》A.0.2-3	仅《建规》有此规定

（1）由于《住设规》和《住建规》对层高 >3.0m 的建筑部分应进行层数折算，而《建规》无此项规定，故二者计算的建筑层数会有所不同。

（2）对于顶层户内跃层的住宅，该跃层显然应计入建筑层数。

2.0.5　对于建筑高度的计算规定，相关规范有何异同？

答：如表 2.0.5 所列。

相关规范对建筑高度的计算规定　　　　　　　　表 2.0.5

类别	规范条文内容提要	规范条文号	附注
建筑物位于高度控制区内时	位于规划、公共安全空间、卫生和景观控制区内时，建筑高度应按室外地面至建筑物和构筑物的最高点计算，并应符合当地城市行政部门和有关专业部门的规定	《通则》4.3.1 和 4.3.2-1	详见规范原文
建筑物为坡屋面时	建筑为坡屋面时，建筑高度应为建筑室外设计地面至其檐口与屋脊的平均高度	《建规》A.0.1-1	二者的规定相同
	坡屋顶应按建筑物室外地面至屋檐和屋脊的平均高度计算建筑高度	《通则》4.3.2-2	
建筑物为平屋面时	建筑为平屋面（包括有女儿墙的平屋面）时，建筑高度应为建筑室外设计地面至其屋面面层的高度	《建规》A.0.1-2	女儿墙高度是否计入，二者规定不同
	平屋顶应按建筑物室外地面至其屋面面层或女儿墙顶点的高度计算建筑高度	《通则》4.3.2-2	
有多种形式屋面时	同一座建筑有多种形式的屋面时，建筑高度应按上述方法分别计算后，取其中最大值	《建规》A.0.1-3	—
建筑物位于台阶式地坪时	对于台阶式地坪，当位于不同高程地坪上的同一建筑之间有防火墙分隔，各自有符合规范规定的安全出口，且可沿建筑的两个长边设计贯通式或尽头式消防车道时，可分别计算各自的建筑高度。否则，应按其中建筑高度最大者确定该建筑的建筑高度	《建规》A.0.1-4	参见《建规图示》A.0.1 图示 5
局部突出屋面的辅助用房、设备和构件	局部突出屋顶的瞭望塔、冷却塔、水箱间、微波天线间或设施、电梯机房、排风和排烟机房以及楼梯出口小间等辅助用房占屋面面积 ≤ 1/4 者，可不计入建筑高度	《建规》A.0.1-5	二者的规定基本相同（冷却塔的占用面积是否计入，二者不同）
	局部突出屋面的楼梯间、电梯机房、水箱间等辅助用房占屋顶平面面积 ≤ 1/4 者，不计入建筑高度	《通则》4.3.2-2	
	突出屋面的通风道、烟囱、装饰构件、花架、通信设施等，以及空调冷却塔等设备，可不计入建筑高度		
对于住宅建筑	设置在底部且室内高度 ≤ 2.2m 的自行车库、储藏室、敞开空间，可不计入住宅的建筑高度	《建规》A.0.1-6	仅限于住宅建筑
	室内外高差或建筑的地下或半地下室的顶板面高出室外地面的高度 ≤ 1.5m 的部分，可不计入住宅的建筑高度		

2.0.6 裙房的防火设计有哪些规定？

答：按裙房与高层主体之间有无防火墙分隔分述如下。

（1）《建规》第2.1.2条对裙房的定义为："在高层建筑主体投影范围外，与建筑主体相连且建筑高度不大于24m的附属建筑"。与二者之间有无防火分隔无关。

（2）当裙房与高层主体之间无防火墙分隔时，《建规》表5.1.1注3规定："裙房的防火要求应符合本规范有关高层民用建筑的规定"。条文说明更明确指出：裙房的耐火等级、防火分区的划分、消防设施的配置等防火设计要求应与高层主体一致。

（3）当裙房与高层主体之间有防火墙分隔时，根据《建规》表5.3.1注2和第5.5.12条的规定，则"裙房的防火分区可按单、多层建筑的要求确定"，以及裙房的"疏散楼梯应采用封闭楼梯间"。

如高层主体为住宅时，根据《建规》第5.4.10中−1和−3的规定，高层主体与裙房之间必须采用防火墙分隔，裙房的"安全疏散、防火分区和消防设施配置"应按单、多层的要求确定。

（4）综上所述，可将有关裙房的防火规定分类汇总如表2.0.6所列。

裙房防火设计规定的分类汇总　　　　　　　　　　　表2.0.6

高层主体与裙房之间有无防火墙分隔		建筑分类	耐火等级	建筑间距	疏散楼梯	防火分区	疏散距离	疏散宽度	消防设施	《建规》条文号
高层公共建筑	有	按高层主体	按高层主体	按单和多层	按单和多层		按单和多层（无明确条文规定）		按高层主体	表5.1.1注3 表5.3.1注2
	无				封闭楼梯间	按高层主体				5.5.12
高层住宅建筑	必须有				按单和多层					5.4.10

（5）裙房与高层建筑主体之间可否采用其他防火分隔措施（如火灾时自动降落的防火卷帘），未见相关规定，应征求消防审批部门的意见。

2.0.7 商住楼属于多种功能组合的公共建筑吗？

答：不是。

（1）《通则》第3.1.1条将民用建筑分为居住建筑和公共建筑两类，但《建规》根据防火设计的特点和需要，将民用建筑分为住宅建筑和公共建筑两类。对于非住宅类的居住建筑（如宿舍、公寓等）的防火设计则执行公共建筑的相关规定（详见《建规》第5.1.1条条文说明）。

（2）《建规》表 5.1.1 条条文说明指出："其他多种功能组合的建筑"仍限于 ≥ 2 种公共使用功能的公共建筑，不包括住宅建筑在内。如住宅建筑下部设置商业或其功能的裙房时，该建筑不同部分的防火设计应按第 5.4.10 条的规定进行。

（3）当住宅建筑的首层或首层及二层设置商业服务网点时，该建筑仍属于住宅建筑。

（4）现将不同类别民用建筑应执行的安全疏散规定汇总如表 2.0.7 所列。

不同类别民用建筑应执行的安全疏散规定　　　　　　　　表 2.0.7

建筑类别		应执行的《建规》条文号		
		一般规定	专项规定	附加规定
公共建筑	单一功能的公共建筑	5.5.1~5.5.7	5.5.8~5.5.24（注）	—
	多种功能的公共建筑			—
住宅建筑	单一功能的住宅建筑		5.5.25 ~5.5.32	—
	设有商业服务网点的住宅建筑			5.4.11
住宅建筑与其他使用功能的建筑合建时			5.5.8~5.5.32（注）	5.4.10

注：多种功能的公共建筑或住宅与其他使用功能的建筑合建时，应分别执行各自相关的专项规定。

2.0.8　何谓人员密集场所？

答：《建规》对此尚无明确条文规定。

（1）根据《中华人民共和国消防法》第 73-4 条的规定，人员密集场所，是指公众聚集场所，医院的门诊部、病房楼，学校的教学楼、图书馆、食堂、集体宿舍，养老院，福利院、托儿所，幼儿园，公共图书馆的阅览室，公共展览馆、博物馆的展示厅，劳动密集型企业的生产加工车间和员工集体宿舍，旅游、宗教活动场所等。

其中，"公众聚集场所"，是指宾馆、饭店、商场、集贸市场、客运车站候车室、客运码头候船厅、民用机场航站楼、体育场馆、会堂以及公共娱乐场所等。

至于"公共娱乐场所"的界定，详见本书 10.5.1。

（2）上述建筑虽然均属人员密集场所，但以下各点并不相同：

①厅室的空间大小和开敞程度；

②建筑耐火等级和室内装修材料燃烧性能等级和数量；

③使用功能的特点；

④人员总数量、瞬时人流量、单位密集程度和停留时间；

⑤疏散距离和疏散路线是否明确、顺畅与熟悉；

⑥人员自我逃生的能力。

因此，对于不同的人员密集场所建筑，相关的下述防火设计规定也存在差异，应以相应的规范条文为准。

①建筑耐火等级和室内装修材料燃烧性能等级的限值；

②防火间距和隔断措施；

③疏散楼梯的类型与数量；

④安全疏散距离的限值；

⑤安全疏散宽度的指标与计算方法；

⑥自动报警和灭火系统以及防、排烟设施的设置要求。

例如：《建规》第5.5.19条中"人员密集的公共场所"系专指"营业厅、观众厅、礼堂、电影院、剧院和体育场馆的观众厅，公共娱乐场所中出入大厅、舞厅，候机（车、船）厅及医院的门诊大厅等面积较大、同一时间聚集人数较多的场所"。而与"人员密集场所"有所区别（详见该条文说明）。

2.0.9 民用建筑高度 >100m 时，建筑专业防火设计有哪些主要变化？

答：现将相关规定综述如下。

（1）建筑高度 >100m 的公共建筑和住宅建筑均应设置避难层（《建规》第5.5.23和5.5.31条）。第一个避难层最大距地高度和两个避难层之间的高度均为50m，楼梯间应在避难层同层错位或上下层断开等分隔要求，详见《建规》第5.5.23条。

（2）建筑高度 >100m 的民用建筑，与相邻建筑的防火间距，即便符合允许减小的规定条件时，仍不应减少（《建规》第5.2.6条）。

（3）建筑高度 >100m 的民用建筑，其楼板的耐火极限由应 ≥ 1.5h 增至应 ≥ 2.0h（《建规》第5.1.4条）。

（4）建筑高度 >100m 且标准层 >2000m² 的公共建筑，宜在屋顶设置直升机停机坪或供直升机救援的设施，详见《建规》第7.4.1条。

（5）建筑高度 >250m 的建筑，除应符合《建规》的要求外，尚应结合实际情况采取更严格的防火措施，其防火设计应提交至国家消防主管部门，组织专题研究、论证（《建规》第1.0.6条）。

第3章 建筑分类和耐火等级
——建筑物自身的抗灾能力

3.0.1 高层住宅仍应进行建筑分类吗？

答：仍需要。

（1）《住建规》对所有住宅均不进行建筑分类和防火分区，直接用住宅的耐火等级限定其建造层数。该规范第 9.2.2 条规定：当住宅的耐火等级分为一级和二级时，其最多允许的建造层数分别为 ≥ 19 层和 18 层（相当于 ≥ 57m 和 54m）。

（2）《建规》对高层民用建筑（含高层住宅）首先要根据其建筑类型、层数等进行建筑分类（表 5.1.1），再按该类别确定耐火等级（第 5.1.3 条）和进而确定建筑构件的燃烧性能与耐火极限（表 5.1.2），以及防火分区的最大允许面积（表 5.3.1）。

（3）虽然根据《建规》表 5.3.1、表 5.1.1 和第 5.1.3 条可知：当高层住宅的耐火等级为一级和二级时，其允许建造的最大高度也分别为 >54m 和 ≤ 54m，与《住建规》的限值并无区别。但为便于确定设备专业消防措施的标准，高层住宅仍应按《建规》进行建筑分类。

（4）《通则》第 3.1.2 条将住宅建筑分为：低层住宅（1~3 层）、多层住宅（4~6 层）、中高层住宅（7~9 层）、高层住宅（ ≥ 10 层且 >27m 和 ≤ 100m）、超高层住宅（>100m）。但该分类无对应的建筑防火设计要求，故执行《建规》的相关规定即可。

（5）《通则》仍将民用建筑分为居住建筑和公共建筑两大类。故非住宅类的居住建筑（如宿舍、公寓等）应执行《建规》有关公共建筑的防火规定（《建规》表 5.1.1 注 2）。

3.0.2 耐火等级为三级和四级的住宅如何确定其最多允许的建造层数？

答：按《住建规》的规定，最多允许的建造层分别为 9 层和 3 层。

（1）《住建规》第 9.2.2 条明确规定："四级耐火等级的住宅建筑最多允许建造层数为 3 层，三级耐火等级的住宅建筑最多允许建造层数为 9 层，……"。

（2）虽然《建规》表 5.3.1 规定："对于耐火等级为四级和三级的多层民用建筑，最多允许建造层数分别为 2 层和 5 层"。但《建规》表 5.1.2 注 2 又规定："住宅建筑构件的耐火极限和燃烧性能可按现行国家标准《住宅建筑规范》GB50368 的规定执行"。而允许的建筑层数取决于其耐火等级，但耐火等级又取决于其相应构件的燃烧性能和耐火极限。故可知：住宅建筑的允许层数应执行《住建规》第9.2.2条的规定。也即《建规》表5.3.1中"耐火等级为三、四级的单、多层民用建筑"实际不含住宅建筑。

再对比《住建规》表9.2.1和《建规》表5.1.2（本书表3.0.3），则可以发现，当耐火等级为三、四级时，建筑构件的耐火极限和燃烧性能，前表多高于后表的限值。故前者允许的最多建造层数自然高于后者。

3.0.3　住宅建筑构件的燃烧性能和耐火极限应执行哪个规范的规定？

答：执行《住建规》表9.2.1的规定即可。

（1）《建规》表5.1.2注2规定："住宅建筑构件的耐火极限和燃烧性能可按现行国家标准《住宅建筑规范》GB50368的规定执行"。

（2）因此，对于住宅建筑不论层数，其建筑构件的耐火极限和燃烧性能均可执行《住建规》表9.2.1的规定。但应注意以下几点：

①表中无"可燃性"建筑构件，即住宅建筑中不允许采用可燃性建筑构件。

②表中无"吊顶"项目的相应数据，仍需执行《建规》表5.1.2的数据；

③表中的外墙均不包括外保温层在内。

④表中耐火等级为三、四级时，建筑构件的耐火极限与燃烧性能多高于《建规》表5.1.2的限值。

（3）为便于对照查阅，现将《建规》表5.1.2和《住建规》表9.2.1（数值不同时加注〈　〉表示）合并如表3.0.3所列。

《建规》表5.1.2和《住建规》表9.2.1
不同耐火等级建筑相应构件的燃烧性能和耐火极限（h）　　　表3.0.3

构件名称		耐火等级			
		一级	二级	三级	四级
墙	防火墙	不燃性 3.00	不燃性 3.00	不燃性 3.00	不燃性 3.00
	承重墙	不燃性〈2.00〉 3.00	不燃性〈2.00〉 2.50	不燃性〈1.50〉 2.00	难燃性〈1.00〉 0.50
	非承重外墙	不燃性 1.00	不燃性 1.00	不燃性〈0.75〉 0.50	可燃性〈难燃性0.75〉
	楼梯间、前室的墙 电梯井的墙 住宅建筑单元之间的墙和分户墙	不燃性 2.00	不燃性 2.00	不燃性 1.50	难燃性〈1.00〉 0.50

续表

构件名称		耐火等级			
		一级	二级	三级	四级
墙	疏散走道两侧的隔墙	不燃性 1.00	不燃性 1.00	不燃性 〈0.75〉 0.50	难燃性 〈0.75〉 0.25
	房间隔墙	不燃性 0.75	不燃性 0.50	难燃性 0.50	难燃性 0.25
柱		不燃性 3.00	不燃性 2.50	不燃性 2.00	难燃性 〈1.00〉 0.50
梁		不燃性 2.00	不燃性 1.50	不燃性 1.00	难燃性 〈1.00〉 0.50
楼板		不燃性 1.50	不燃性 1.00	不燃性 〈0.75〉 0.50	可燃性 〈难燃性 0.50〉
屋顶承重构件		不燃性 1.50	不燃性 1.00	可燃性 0.50	可燃性 〈难燃性 0.25〉
疏散楼梯		不燃性 1.50	不燃性 1.00	不燃性 〈0.75〉 0.50	可燃性 〈难燃性 0.50〉
吊顶（包括吊顶搁栅）		不燃性 0.25	难燃性 0.25	难燃性 0.15	可燃性

注：① 〈　〉内为《住建规》表 9.2.1 的数据。单一数据者示两规范同值。
　　② 除本规范另有规定者外，以木柱承重且以不燃烧材料作为墙体的建筑，其耐火等级应按四级确定。

第4章　防火间距
——建筑物之间防止火灾蔓延

4.0.1　同一建筑中不同防火分区的相对外墙也应符合防火间距的规定吗？

答：是的。

（1）《建规》表 5.2.2 注 6 规定："相邻建筑通过连廊、天桥或底部的建筑物等连接时，其防火间距不应小于本表的规定"。在其条文说明中还同时要求："对于回字形、U 型、L 型建筑等，两个不同防火分区的相对外墙之间也要有一定的间距，一般不小于 6m，以防止火灾蔓延至不同分区内"。当然，如符合本书表 4.0.2 的规定，其防火间距也可相应减少。

（2）为对照查阅方便，现将《建规》表 5.2.2（民用建筑之间的防火间距）转录如表 4.0.1所示。该表的注 1~5 见本书表 4.0.2。

《建规》表 5.2.2　民用建筑之间的防火间距（m）　　　　表 4.0.1

建筑类别		高层民用建筑	裙房及其他民用建筑		
		一、二级	一、二级	三级	四级
高层民用建筑	一、二级	13	9	11	14
裙房及其他民用建筑	一、二级	9	6	7	9
	三级	11	7	8	10
	四级	14	9	10	12

4.0.2　防火间距何时可以减小？

答：相关规定详见表 4.0.2。

（1）当符合《建规》表 5.2.2 注 1~5 的规定时，其防火间距可减小。现将其解析汇总如表4.0.2 所列。

但建筑高度 >100m 的民用建筑与相邻建筑的防火间距不得减小（《建规》第 5.2.6 条）。

（2）《建规》第 5.2.4 条还规定：

除高层民用建筑外，数座一、二级的住宅建筑或办公建筑，当建筑物的占地面积总和 ≤ 2500m² 时，可成组布置，但组内建筑物之间的间距宜 ≥ 4m。组与组或组与相邻建筑之间的防火间距不应小于《建规》表 5.2.2 规定的限值（本书表 4.0.1 和 4.0.2）。

减少防火间距的相关规定　　　　　　　　　　　　　表 4.0.2

序号	相邻两座建筑应符合的条件		防火间距	《建规》条文号
	相邻外墙的情况	低建筑的耐火等级及低屋顶的情况		
1	高度相同，且任一侧外墙为防火墙	两建筑的耐火等级均为一、二级，且屋面板耐火极限均 ≥ 1.0h	不限	表 5.2.2 注 3
2	高外墙为防火墙或距低屋面 ≥ 15m 范围内为防火墙	耐火等级一、二级		表 5.2.2 注 2
3	同 2，但该范围内防火墙的开口设置了甲级防火门、窗或其他防火保护措施	耐火等级一、二级屋顶无天窗	≥ 3.5m 对于高层建筑 ≥ 4.0m	表 5.2.2 注 5
4	较低建筑的外墙为防火墙	耐火等级一、二级屋顶无天窗屋面板耐火极限 ≥ 1.0h		表 5.2.2 注 4
5	相邻两座单、多层建筑，相邻外墙不燃性墙体且无外露的可燃性屋檐，每面外墙上无防火保护的门窗洞口不正对开设，且面积之和 ≤ 该外墙面积的 5%	不限	按《建规》表 5.2.2 的规定减少 25%	表 5.2.2 注 1

4.0.3　单建的设备用房与民用建筑之间的防火间距如何确定？

答：相关规定如表 4.0.3 所列。

（1）民用建筑不宜布置在甲、乙类厂（库）房，甲、乙、丙类液体储罐和可燃气体储罐以及可燃材料堆场附近（《建规》第 5.2.1 条）。

当必须相邻布置时，应严格执行《建规》第 3.4、第 3.5、第 4.2、第 4.3 节关于防火间距的规定。

（2）单建的设备用房与民用建筑之间的防火间距见《建规》第 5.2.3 和第 5.2.5 条。现将其解析汇总如表 4.0.3 所列。

单建的设备用房与民用建筑之间的防火间距 表 4.0.3

序号	设备用房的类别	应执行的规范条文号	附注
1	燃油、燃气或燃煤锅炉房	按丁类厂房执行《建规》表 3.4.1	见《建规》第 5.2.3 条
	但单台蒸汽锅炉的蒸发量 ≤ 4t/h 或单台热水锅炉的额定热功率 ≤ 2.8MW 的燃煤锅炉房	依据其耐火等级执行《建规》表 5.2.2（本书表 4.0.1）的规定	①根据锅炉房、变电站的火灾危险性确定其生产类别，进而可知耐火等级（《建规》第 3.1.1 及条文说明）②见《建规》第 5.2.3 条
2	终端变电所	执行《建规》表 3.4.1	
	其他变电站		
	≤ 10kV 预装式变电站	≥ 3m	见《建规》第 5.2.3 条
3	燃气调压站、液化石油气气化站、混气站、城市液化石油气站瓶库	执行《城镇燃气设计规范》（GB50028）的相关规定	见《建规》第 5.2.5 条

4.0.4 多层建筑欲与另一栋高层建筑贴建时，前者可否按后者的裙房设计？

答：不行。

（1）《建规》第 2.1.2 条条文说明指出："裙房的特点是其结构与高层建筑的主体直接相连，作为高层建筑的附属建筑而构成一座建筑"。因此，多层建筑与另一栋高层建筑贴建时，不能按裙房对待。

（2）由于二者系相邻建筑，故其防火间距应执行《建规》表 5.2.2 及附注的规定。从其注 2 可知：如欲二者贴建，除非高层建筑相邻外墙高出多层建筑屋面 15m 的范围内为防火墙，因此时二者的防火间距不限。

（3）从其注 4 和注 5 还可知：如高层建筑相邻外墙的该范围内为甲级防火门窗（也可为其他防火分隔措施），或多层建筑无天窗且相邻外墙为防火墙时，其防火间距也只能减至 4m。

（4）当然，如多层建筑为高层建筑的扩建或续建部分，则可视为裙房。

第5章 防火分区与平面布置

——建筑物内防止火灾蔓延

5.1 防火分区

5.1.1 对于设置敞开楼梯间的楼层，其防火分区应叠加计算吗？

答：不需要。

（1）本书 2.0.1 已述及："敞开楼梯间"不等同于"敞开楼梯"，前者在限定的层数和条件下仍可作为安全疏散楼梯（详见本书表 6.2.1），而后者则被视为上下层之间的开口。因此，《建规》表 5.3.2 条虽然规定："建筑内设置自动扶梯、中庭、敞开楼梯等上下层相连通的开口时，其防火分区的建筑面积应按上下层相连通的建筑面积叠加计算，且不应大于本规范第 5.3.1 条的规定"，但其中的开口部位不含"敞开楼梯间"。

（2）《建规》表 5.3.1 规定了不同耐火等级建筑的允许层数和防火分区最大允许建筑面积（转录如本书表 5.1.1 所示），从中可知：其值与疏散楼梯的形式无关。

不同耐火等级建筑允许的建筑高度、层数和防火分区的最大建筑面积 表 5.1.1

名称	耐火等级	建筑高度或允许层数	防火分区的最大允许建筑面积（m²）	备注
高层民用建筑	一、二级	按《建规》表 5.1.1 确定	1500	体育馆、剧场的观众厅，其防火分区最大允许建筑面积可适当增加
单层或多层民用建筑	一、二级	按《建规》表 5.1.1 确定，即： 1. 单层公共建筑的建筑高度不限 2. 住宅建筑的建筑高度不大于 27m（含设置商业服务网点的住宅） 3. 其他公共建筑的建筑高度不大于 24m	2500	
	三级	5 层	1200	—
	四级	2 层	600	—
地下、半地下建筑（室）	一级	—	500	设备用房的防火分区最大允许建筑面积不应大于 1000m²

注：①表中规定的防火分区最大允许面积，当建筑内设置自动灭火系统时，可按本表的规定增加 1.0 倍；局部设置时，防火分区的增加面积可按该局部面积的 1.0 倍计算。

②裙房与高层建筑主体之间设置防火墙时，裙房的防火分区可按单、多层建筑的要求确定。

（3）从该表可知：当设备用房位于地下或半地下建筑（室）内时，其防火分区的最大允许建筑面积为 1000m²，如设有自动灭火系统可倍增至 2000m²。此点与原规范变动较大。

5.1.2 营业厅、展览厅防火分区的最大允许面积如何确定？

答：相关规定见本书表 5.1.2。

营业厅、展览厅防火分区的最大允许建筑面积，因其所在的不同层位和设备条件而异。现将《建规》和《商设规》的相关规定，解析汇总如表 5.1.2 所列。

营业厅、展览厅的防火分区最大允许建筑面积

表 5.1.2

序号	所在层位	防火分区的最大允许面积（m²）	设 置 条 件				依据的规范条文
			耐火等级	自动喷淋及报警系统	装修为不燃、难燃材料	不经营和储存甲、乙类物品	
1	在高层建筑内（含与主体无防火分隔的裙房）	≤ 4000	一级或二级	应有	应是	应是	《建规》第 5.3.4、5.4.2、5.4.3 条和表 5.3.1 注 2《商设规》第 5.1.5 条
2	多层建筑（含与高层主体有防火分隔的裙房的楼层）	≤ 5000					
3	单层或多层建筑的首层	≤ 10000					
4	地下一层和二层	≤ 2000	一级				

注：总面积 >20000m² 的地下、半地下商店应分隔为 ≤ 20000m² 的区域，详见《建规》第 5.3.5 条。

5.1.3 住宅建筑可以不划分防火分区吗？

答：《住建规》允许，《建规》无明确条文规定。

（1）《住建规》第 9.2.2 条的条文说明中称："考虑到住宅的分隔特点及其火灾特点，本规范强调住宅建筑户与户之间、单元与单元之间的防火分隔要求，不再对防火分区做出规定"。但该规范本身就此理念并无具体措施，《建规》也未明确认同和体现。

（2）对于通廊式住宅（特别是内通廊式且为跃层或跃廊者）和塔式住宅，当每层的建筑面积超限时，仍应划分防火分区（《建规》第 5.3.1 条的条文说明）。

即便是单元式住宅，在一栋中，如其中数个单元的同层建筑面积之和大于相应的防火分区限值时，仍理应划分防火分区，在邻界的两个单元间设置防火墙。

（3）在设计如遇此类情况，应与消防审批部门及时交换意见。

5.1.4　单元式住宅的每个单元就是一个防火分区吗？

答：不是。

（1）如果单元式住宅的每个单元即为一个防火分区，则单元之间均应为防火墙。但在《建规》表 5.1.2 和《住建规》表 9.2.1（本书表 3.0.2）中，单元间隔墙的耐火极限为 2.0h，小于防火墙的耐火极限 3.0h。

（2）同理，如单元间为防火墙，则根据《建规》第 6.1.3 和第 6.1.4 条的规定，其两侧外门窗之间的净距应 ≥ 2m（内转角处应 ≥ 4m），或者一侧设置乙级防火门窗，但设计中并无此做法。

5.1.5　楼梯间、消防电梯、防烟前室，以及开敞外廊的面积可以不计入防火分区面积吗？

答：不可以。

（1）《建规》对此虽无明文规定，但不可以。因为防火分区的设置不仅限于"在一定时间内防止火灾向同一建筑的其余部分蔓延"，其内设置的楼梯间、消防电梯、防烟前室可供临时避难、继续疏散和消防扑救，四者一体不可分割。

（2）楼梯间和防烟前室虽然是相对安全的空间，但其隔墙仅为耐火极限 ≥ 2.0h 的不燃性墙体，而不是防火墙。因此，它仍属于防火分区内火灾可以蔓延进入的空间，只是时间更推迟，用以确保人员安全疏散。也即它仍属于防火分区的范围，而非独立的"特区"，故"防火分区的建筑面积包括各类楼梯间的建筑面积"（见《建规》第 5.3.1 条条文说明）。同理，作为疏散必经之路的开敞外廊，也应计入防火分区面积。

（3）将该面积不计入防火分区的目的，多是避免防火分区面积超限。其实防火分区面积的限值是基于实验和经验的总结，因此"微量"超出并非不可，但需获得消防审批部门的认可。

5.1.6　室内冰场、游泳池、靶道区、球道区的面积可不计入防火分区面积吗？

答：可以。

（1）《人防防火规范》第 4.1.3 条规定："溜冰馆的冰场、游泳馆的游泳池、射击馆的靶道区、保龄球馆的球道区等，其面积可不计入溜冰馆、游泳馆、射击馆、保龄球馆的防火分区面积内。溜冰馆的冰场、游泳馆的游泳池、射击馆的靶道区等，其装修材料应采用 A 级"。

其理由为：在冰场、泳池内无可燃物，在靶道区和球道区内无人停留（参见该条文说明）。据此可推论；水泵房内的蓄水池、室内滑雪场的滑道区，其面积也可不计入防火分区面积内。

由于除地下汽车库、商场、戊类库房等外，一般地下层的防火分区面积最大为1000m²且为有喷淋时。因此，上述面积均较大的场馆位于地下室时，此项规定则可简化防火措施和设计。

（2）《人防防火规范》虽是针对位于地下的人防工程在平时使用的防火规定。但对于无人防要求的上述场馆应完全可以参照执行，因其防火措施和疏散条件，多优于前者。

5.1.7　地下自行车库和摩托车库防火分区的最大面积是多少？

答：自行车库为1000m²、摩托车库为500m²。有自动灭火系统时增加一倍。

其根据是，《人防防火规范》第4.1.4条条文说明称："自行车库属于戊类物品库，摩托车库属于丁类物品库"。而该规范表4.1.4和《建规》表3.3.2又规定，对于耐火等级为一、二级的地下戊类和丁类库房，其防火分区允许的最大面积分别为1000m²和500m²。

5.1.8　防火分区可以跨沉降缝、伸缩缝等变形缝吗？

答：仅地下室兼人防工程处，防火分区不宜跨变形缝。

（1）《人防防火规范》第4.1.1–4规定："防火分区的划分宜与防护单元相结合"。
《人防设计规范》第4.11.4条又规定：
①防护单元内不宜设置沉降缝、伸缩缝；
②上部地面建筑需设置伸缩缝、防震缝时，防空地下室可不设置。

但《技术措施》（防空地下室）第2.2.5–1和3.6.4–1条规定，由于结构超长或工程地质条件变化等原因，需要设置变形缝时，仅可在无防毒要求的防护单元内设置（如战时汽车库和专业队装备掩蔽部等）。其他各类人员掩蔽部和物资库的防护单元内则不应设置变形缝。

综上可知：防火分区可以跨建筑变形缝，但地下室兼人防工程的各类人员掩蔽部和物资库部位除外。

（2）根据《通则》第6.9.6条的规定："变形缝的构造和材料应根据其部位需要分别采取防排水、防火、保温、防老化、防腐蚀、防虫害和防脱落等措施"。对于跨防火分区的变形缝，其构造应采用不燃材质，其中阻火带的耐火时间必须满足防火规范对相应构件耐火极限的要求。

对于人防工程内设置的变形缝则应采取可靠的防护密闭措施（详见《防空地下室建筑构造》07FJ02）。

5.1.9　当与中庭连通的各层建筑面积之和大于相应的防火分区面积限值，但采取规定措施后，其防火分区应如何划分？

答：可按每层的建筑面积分别划分防火分区。

（1）根据《建规》第 5.3.2 条的规定，与中庭连通的各层应叠加计算建筑面积，当其和大于相应的防火分区面积限值时，应符合下列规定：

①与周围的连通空间应进行防火分隔：

采用防火隔墙时，其耐火极限应 ≥ 1.0h；

采用防火玻璃墙时，其耐火隔热性和耐火完整性均应 ≥ 1.0h；

采用耐火完整性 ≥ 1.0h 的非隔热防火玻璃时，应设置自动喷水灭火系统保护；

采用防火卷帘时，其耐火极限应 ≥ 3.0h，并应符合本规范第 6.5.3 条的规定；

与中庭相连通的门、窗，应采用火灾时能自动关闭的甲级防火门、窗。

②中庭应设置排烟设施。

③中庭内不应布置可燃物。

④高层建筑内的中庭回廊应设自动喷水灭火系统和自动报警系统。

（2）当采取上述"能防止火灾和烟气蔓延的措施后，一般将中庭单独作为一个独立的防火单元"（详见该条条文说明）。既然与中庭连通的各层之间已采取防火分隔，其防火分区则可按各层的建筑面积进行划分。

（3）沿中庭回廊临空一侧设置防火卷帘时，虽可将中庭与连通的各层在火灾时完全隔绝，但由于"考虑到防火卷帘在实际应用中存在可靠性不高等问题"，故"对于中庭部分的防火分隔物，推荐采作实体墙"（详见该条条文说明）。

5.2　平面布置

5.2.1　对于不同耐火等级的商店、菜场、食堂、医疗、教学、幼托等建筑，其平面布置层位如何确定？

答：详见《建规》第 5.4.3~5.4.6 条，现将其解析汇总如表 5.2.1 所列。

商店、菜场、食堂、医疗、教学、幼托等建筑允许的平面布置层位　　　表 5.2.1

建筑类别	耐火等级	允许层位		其他条件	《建规》条文号
		单建	合建		
商店、展览厅	三级	≤ 2 层	≤ 2 层	不应设置在地下三层及以下楼层	第 5.4.3
	四级	单层	首层		
老年人活动场所托儿所、幼儿园的儿童用房儿童游乐厅等儿童活动场所	一、二级	≤ 3 层	≤ 3 层	宜单建；不应设置在地下、半地下；设置在高层（单、多层）建筑内时，应（宜）设独立的安全出口和疏散楼梯	第 5.4.4
	三级	≤ 2 层	≤ 2 层		
	四级	单层	首层		
医院、疗养院的住院部分	三级	≤ 2 层	≤ 2 层	不应设置在地下、半地下；病房楼内相邻护理单元之间应设耐火极限 ≥ 2.0h 的防火隔墙，隔墙上的门应为乙级防火门，走道上的防火门应为常开防火门	第 5.4.5
	四级	单层	首层		
教学建筑、食堂、菜市场	三级	≤ 2 层	≤ 2 层		第 5.4.6
	四级	单层	首层		

注：上述建筑与其他建筑合建时，应设置的防火分隔措施，详见《建规》第 6.2.2 和《商设规》第 5.1.4。

5.2.2　对于影剧院、会议厅、多功能厅和歌舞娱乐放映游艺等建筑，其平面布置层位如何确定？

答：详见《建规》第 5.4.7~ 第 5.4.9 条，现将其解析汇总如表 5.2.2 所列。

影剧院、会议厅、多功能厅和歌舞娱乐放映游艺场所允许平面布置层位　表 5.2.2

建筑类别	耐火等级	允许层位		其他条件	《建规》条文号
		单建	合建		
单建或位于多层建筑内的剧院、电影院、礼堂	一、二级	≥2层	宜≤3层	合建时至少有一个独立出口和疏散楼梯；位于地下层时，宜在地下一层，不得在地下三层及以下。防火分区面积应≤1000m²，且有自动灭火和报警系统时，也不得增加	5.4.7
			≥4层（每个厅室≤400m²，疏散门≥2个）		
	三级	≤2层	≤3层		
位于高层建筑内的观众厅、会议厅、多功能厅等人员密集场所	一、二级	—	宜≤3层	应设自动喷水灭火和报警系统；幕布的燃烧性能≥B₁级	5.4.8
			其他楼层（每个厅室≤400m²，疏散门≥2个）		
歌舞厅、录像厅、夜总会、卡拉OK厅（含此功能的餐厅）、游艺厅（含电子游艺厅）、桑拿浴室（不含洗浴）、网吧等歌舞娱乐放映游艺场所	一、二级	—	宜≤3层（宜靠外墙）	不宜布置在袋形走道两侧或尽端；不应位于地下二层及以下；地下一层地面距室外地坪应≤10m；厅室与其他部位应设防火分隔详见《建规》5.4.9-6	5.4.9
			地下一层或≥4层（每个厅室应≤200m²）		

注：上述建筑与其他建筑合建时，应设置的防火分隔措施，详见《建规》第 6.2.1 和第 6.2.3。

5.2.3　住宅建筑与其他使用功能的建筑合建时（含商业服务网点），对其平面布置有何规定？

答：详见《建规》第 5.4.10 和第 5.4.11 条，现提示以下几点。

（1）《建规》第 5.1.1 条条文说明指出，附建商业服务网点的住宅仍属于住宅建筑；住宅与其他功能的建筑合建时，住宅与非住宅部分应分别执行《建规》有关住宅建筑和公共建筑的规定。

（2）但上述二者的住宅与非住宅部分之间，均应采用耐火极限≥2.0h 的不燃烧实体隔墙完全分隔，且其上不得开设门窗洞口。

（3）《建规》第 5.4.10 条虽然规定：对于为住宅服务的地下车库，其疏散楼梯应按《建规》第 6.4.4 条的要求进行防火分隔。却未明确是否可与住宅共用仅在首层进行防火分隔的楼梯间。尽管《技术措施》第 3.4.22-3 条允许借用，但仍应及时征求消防审批部门的意见。

第 6 章 公共建筑的安全疏散

6.1 公共建筑的安全疏散距离（水平疏散）

6.1.1 公共建筑直通疏散走道的房门至最近安全出口的距离如何确定？

答：详见《建规》第 5.5.17 条。现将公共建筑（耐火等级为一、二级）的数值解析汇总如下表所列。

直通疏散走道的房间疏散门至最近安全出口的直线距离（m）　　表 6.1.1

名　　称		位于两个安全出口之间的疏散门			位于袋形走道两侧或尽端的疏散门		
		至封闭或防烟楼梯间	至敞开楼梯间	经敞开外廊至安全出口	至封闭或防烟楼梯间	至敞开楼梯间	经敞开外廊至安全出口
		Ⓐ	Ⓐ −5	Ⓐ +5	Ⓑ	Ⓑ −2	Ⓑ +5
幼托及老年人建筑		25	20（仅幼托）	30	20	18（仅幼托）	25
歌舞娱乐放映游艺场所		25	—	30	9	—	14
医疗建筑	单层、多层	35	—	40	20	—	25
	高层 病房部分	24	—	29	12	—	17
	其他部分	30	—	35	15	—	20
教学建筑	单层、多层	35	30（≤5层）	40	22	20（≤5层）	27
	高　层	30	—	35	15	—	20
高层旅馆、公寓、展览建筑		30	—	35	15	—	20
其他建筑	单层、多层	40	35（≤5层）	45	22	20（≤5层）	27
	高　层	40	—	45	20	—	25

注：①建筑内全部设置自动喷水灭火系统时，应将Ⓐ或Ⓑ增值 25% 后，再相应增减。
　　②耐火等级为三、四级的公共建筑的相应数值见《建规》表 5.5.17。
　　③敞开楼梯间的设置规定见《建规》第 5.5.13 条。

6.1.2　公共建筑室内的安全疏散距离如何确定?

答:详见《建规》第 5.5.17-3 和第 5.5.17-4 条。现将其解析列表如下。

公共建筑室内的安全疏散距离　　　　　　　　表 6.1.2

名　称		室内安全疏散距离（m）			附　注
		一、二级	三级	四级	
观众厅、展览厅、多功能厅、餐厅、营业厅等大空间厅堂（疏散门或安全出口≥2个）		30	—	—	厅堂内任一点至最近疏散门或安全出口的直线距离,且疏散门可经≤10m的疏散走道通至外门或疏散楼梯间（《建规》第5.5.17-4）
幼托及老年人建筑		20	15	10	其他房间内任一点至直通疏散走道的该房间疏散门的直线距离（《建规》第5.5.17-3和表5.5.17）
歌舞娱乐放映游艺场所		9	—	—	
医疗建筑	单层、多层	20	15	10	
	高层 病房部分	12			
	高层 其他部分	15			
教学建筑	单层、多层	22	20	10	
	高　层	15			
高层旅馆、公寓、展览建筑		15			
其他建筑	单层、多层	22	20	15	
	高　层	20	—	—	

注:建筑物内全部设有自动喷水灭火系统时,表中的安全疏散距离可增加25%。

6.1.3　公共建筑楼梯间在首层与对外出口的最大距离如何确定?

答:根据《建规》第 5.5.17-2 条,楼梯间在首层可采用三种安全疏散措施,如下表所析。

公共建筑楼梯间在首层与对外出口的最大距离　　　　　　　　表 6.1.3

措施类别	规范条文内容摘录	说明	《建规》条文号
1	在首层应设置直通室外的安全出口	应为首选措施	
2	当≤4层时,可将直通室外的安全出口设置在离楼梯间≤15m处	注意:仅限于≤4层时	5.5.17-2
3	在首层采用扩大的封闭楼梯间或防烟楼梯间前室	详见本书6.1.4	
	扩大的封闭楼梯间或防烟前室,应采用乙级防火门等措施与其他走道和房间分隔		6.4.2-4 和 6.4.3-6

注:《建规》第 5.5.29-2 条对住宅的本项规定与本表相同。

6.1.4 首层采用扩大封闭楼梯间或防烟楼梯间前室时，楼梯间至对外出口的距离有限制吗？

答：《建规》无明确规定。

（1）《建规》第 5.5.17-2 和 5.5.29-2 条规定，当公共和住宅建筑 ≤ 4 层，且未采用扩大的封闭楼梯间或防烟楼梯间前室时，楼梯间在首层至对外出口的距离应 ≤ 15m。对此可理解为：

①即便建筑物 ≤ 4 层，但该距离 >15m 时，仍应采用扩大封闭楼梯间或防烟楼梯间前室。

②当建筑物 ≥ 5 层时，则不论该距离是否 ≤ 15m，均应采用上述扩大措施。

③该距离为定值，与建筑物耐火等级和是否有喷水灭火系统无关。

④据此，在《建规图示》5.5.29 图示 5 中，对于已采用上述扩大措施的门厅内，仍要求该距离 ≤ 15m，不知依据为何？

（2）至于采用上述扩大措施后，楼梯间至首层对外出口允许的最大距离，《建规》无明确规定。下列建议仅供参考，设计时应以消防审批部门的意见为准。

①对于住宅建筑该距离应 ≤ 22m（单、多层）和 20m（高层）。也即，不大于《建规》表 5.5.29 中位于袋形走道内房门至最近安全出口的最大距离。

②对于公共建筑采用上述扩大措施后的门厅，当设有一个对外出口时，该距离应 ≤《建规》表 5.5.17 中位于袋形走道内房门至最近安全出口的最大距离。当设有 ≥ 2 个对外出口时，该距离可 ≤ 30m（参见《建规》第 5.5.17-4 条，关于大厅堂内最大安全疏散距离的规定）。

③上述限值仅用于一、二级耐火等级的建筑，且与有无喷水灭火系统无关。

6.1.5 利用通向相邻防火分区的甲级防火门作为安全出口时，应符合哪些条件？

答：应满足《建规》第 5.5.9 条的要求。

（1）适用于"一、二级耐火等级公共建筑内的安全出口全部直通室外确有困难的防火分区"。这是针对其中某一楼层中少数防火分区的部分安全出口而言。

（2）《建规》第 5.5.9 第 1 款规定："利用通向相邻防火分区的甲级防火门作为安全出口时，应采用防火墙与相邻防火分区进行分隔"。其条文说明更明确指出："不能采用防火卷帘或防火分隔水幕等措施替代"防火墙。

（3）该条第 2 款又规定："建筑面积大于 1000m² 的防火分区，直通室外的安全出口不应少于 2 个；建筑面积不大于 1000m² 的防火分区，直通室外的安全出口不应少于 1 个"。此规定对于 ≤ 1000m² 的防火分区，由于通向相邻防火分区的甲级防火门可作为第二安全出口，从而只需设置 1 个直通室外的安全出口即可，故作用明显。对于 >1000m² 的防火分区，直通室外的安全出口虽然仍不应少于 2 个，但将通向相邻防火分区的甲级防火门作为安全出口时，则可用于满足疏散距离的规定。或减少直通室外安全出口的数量，从而解决防火分区内部分安全出口，因平面布置受限不能直接通向室外的情况。（详见该条条文说明）。

（4）根据该条第 3 款的规定："该防火分区通向相邻防火分区的净疏散宽度不应大于其按本规范第 5.5.21 条规定计算所需疏散总净宽度的 30%"。应注意的是：系指"该防火分区"而不是"该楼层"所需疏散总净宽度的 30%。

（5）该条第 3 款还规定："建筑各层直通室外的安全出口总净宽度不应小于按照本规范第 5.5.21 条规定计算所需的疏散总净宽度"。也即，利用通向相邻防火分区的甲级防火门作为安全出口后，各层直通室外安全出口的数量可因此而减少，但各层直通室外的疏散总净宽度仍不得减少。即不能将利用通向相邻防火分区的安全出口宽度计算在楼层的总疏散宽度内。

6.1.6　公共建筑相邻的两个疏散门之间、安全出口之间，以及疏散门与安全出口之间限定的最近距离均为净距吗？

答：是的。

（1）《建规》第 5.5.2 条明确规定："建筑内每个防火分区或一个防火分区的每个楼层、每个住宅单元每层相邻 2 个安全出口以及每个房间相邻的两个疏散门最近边缘之间的水平距离不应小于 5m"。其中的"最近边缘之间的水平距离"即所谓的"净距"。

同理，疏散门与安全出口之间限定的最近距离也系"净距"。

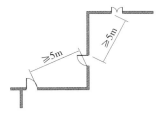

图 6.1.6

（2）在同一厅室内，位于阴角或阳角两侧相邻的疏散门，其净距如图 6.1.6 所示。

6.1.7　公共建筑内分属相邻房间的两个最近的疏散门，其净距也应 ≥ 5m 吗？

答：不必要。

（1）《建规》第 5.5.2 条规定：建筑中每个房间，"相邻 2 个疏散门最近边缘之间的水平距离不应小于 5m"。其目的在于：当房间内失火时，一个疏散门受阻后，尚可从另一个疏散门逃生。为此，该两个相邻疏散门之间的净距应 ≥ 5m，以保证互不殃及。

（2）当本房间外（如相邻房间门、走道、厅堂等处）失火时，只考虑殃及本房间的 1 个疏散门。故对分属相邻房间的两个最近的疏散门也要求净距 ≥ 5m，则无必要且有时也不可能。

6.1.8　位于袋形走道两侧的房间有两个房门时，其至安全出口的最大距离可以从最近的房门算起吗？

答：不行，应从最远的房门算起。

前条已述及，有的房间要求设 ≥ 2 个疏散门，其目的在于：火灾时如一个房门受阻，仍可从另一房门疏散。但因无法事先确定哪个房门先受阻，故必须保证该房间的任一房门至安全出口的最大距离，均不得超过规定的限值。

6.1.9 公共建筑的房间何时可设 1 个疏散门？

答：详见《建规》第 5.5.5 和 5.5.15 条，现将其解析汇总如下表。

公共建筑中房间可设 1 个疏散门的条件　　　　　　　表 6.1.9

名　　称		房间的平面位置			限定的条件			
		两个安全口之间	袋形走道		房间的最大面积（m²）	房间停留最多人数（人）	疏散门的最小净宽（m）	室内最远点至疏散门的直线距离（m）
			两侧	尽端				
地上层	幼托、老年人建筑	V	V	—	50	—	—	详见表 6.1.2
	医疗、教学建筑	V	V	—	75	—	—	
	歌舞娱乐放映游艺场所	V	V	V	50	15	—	
	其他建筑	V	V	—	120	—	—	
		—	—	V	50	—	0.9	—
		—	—	V	200	—	1.4	15
地下和半地下层	设备间	V	V	V	200	—	—	—
	其他房间	V	V	V	50	15	—	—

注：①不符合本表规定条件的房间，其"疏散门的数量应经计算确定，且应 ≥ 2 个"。
　　②《中小学校设计规范》第 8.8.1 条规定：位于袋形走道尽端的教室，其室内最远点距房门 ≤ 15m，门的净宽 ≥ 1.5m 时，可设 1 个门。
　　③非住宅类的居住建筑可参用此表。
　　④地下、半地下层的数据系依据《建规》第 5.5.5 条。

6.1.10 中小学普通教室的疏散门必须向外开启吗？

答：是的。

（1）《建规》第 6.4.11-1 条规定："民用建筑和厂房的疏散门，应采用向疏散方向开启的平开门，不应采用推拉门、卷帘门、吊门、转门和折叠门。除甲、乙类生产厂房外，人数 ≤ 60 人且每樘门的疏散人数 ≤ 30 人的房间，其疏散门的开启方向不限"。中小学的普通教室均 ≤ 60 人且疏散门不少于 2 樘，故其开启方向似可不必限定。

（2）但 2011 年修编的《中小学校设计规范》第 8.1.8-2 条已明确规定："各教学用房的门均应向疏散方向开启，开启的门扇不得挤占走道的疏散通道"。鉴于中小学生在火灾时的应对能力较低，故应执行本条规定，并注意复核走道的疏散宽度。

（3）至于大学普通教室疏散门的开启方向，似可执行《建规》的规定。

6.1.11　房间的疏散门可以开向相邻的防火分区吗？

答：部分疏散门可以开向相邻防火分区。

（1）由于不考虑同层内相邻防火分区同时失火，故各防火分区内的安全出口可同时承担人员疏散。据此，每层各部位的疏散总宽度系按层，而不是按各防火分区分别进行控制（详见本书1.0.7）。也即因防火分区之间均设有连通口，故疏散路线不受防火分区的限制。

（2）例如：与防火分区隔墙相邻的房间，因必须设置两樘疏散门，但又无条件开向同一防火分区时，只能分别开向不同的防火分区（如图6.1.11–1所示的房间A）。此时，无论哪个防火分区失火，均可从开向未失火防火分区的门逃生；该房间内失火时，也有两个疏散门供选择，疏散应无问题。

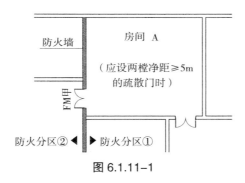

图6.1.11–1

（3）但是，根据《建规》第6.1.5条规定："防火墙上不应开设门窗洞口，必须开设时，应设置不可开启或火灾时能自动关闭的甲级防火门窗"。

（4）为了避免防火分区的面积超限，有人采用图6.1.11–2所示的作法：将与防火分区隔墙相邻的房间B划入防火分区④，但其疏散门仍全部开向防火分区③。该措施显然有违划分防火分区的目的：防止火灾向本区蔓延和首先在本区内组织安全疏散，故不可行。

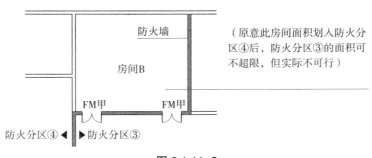

图6.1.11–2

6.1.12 对于全部设置喷淋系统的建筑，当经敞开式外廊至敞开楼梯间时，其房门的安全疏散距离如何确定？

答：应根据《建规》表 5.5.17 及其注 1~3 计算确定。

现以一栋耐火等级为一级的多层旅馆为例，其敞开楼梯间直通敞开式外廊，且建筑内全部设置自动喷水灭火系统。当客房位于袋形走道尽端时，房门至最近楼梯间的最大距离计算如下：

（1）查《建规》第 5.5.17 条，因旅馆属表内的"其他建筑"，可知其房门至最近楼梯间的最大距离应为 22m。但该值的设计条件为：房门经内廊至封闭或防烟楼梯间，且无自动喷水灭火系统。故应根据该旅馆设计条件的不同进行如下修正。

①根据同表注 3，因建筑内全部设置自动喷水灭火系统，故该值可增加 25%。即 22m × 1.25=27.5m。

②根据同表注 1，因房门直通敞开式外廊，故上值又可增加 5m，即 27.5m+5m=32.5m。

③根据同表注 2，因系敞开楼梯间，故此值则应减少 2m，即最终值应为 32.5m−2m=30.5m。

（2）《建规》第 5.5.17 条条文说明提示："当建筑内全部设置自动喷水灭火系统，且又符合表 5.5.17 注 1 和注 2 的要求时，其疏散距离应先按注 3 增值后，再进行增减"。故上述计算步骤应为：22m × 1.25+5m−2m=27.5m+5m−2m=30.5m。不可倒置为：（22m+5m−2m）× 1.25=25m × 1.25=31.25m。

6.1.13 局部设置自动喷水灭火系统时，该处的安全疏散距离也可增加 25% 吗？

答：《建规》无明文规定。

（1）从《建规》第 8.3.1~8.3.4 条条文说明可知，设置自动灭火系统的首要目的在于扑救"建筑内的初起火"。根据火灾的危险性类别，其设置的范围要求，可以是整个建筑，也可以是建筑内的局部场所。从而"防止一个防火分区的火灾蔓延到另一个防火分区"。

（2）根据《建规》第 5.5.17−1 和 5.5.17−3 条以及表 5.5.17 注 3 的规定，从房门经走道至最近安全出口的最大距离，以及房间内任一点至直通走道房门的最大距离，只有当"建筑内全部设置自动喷水灭火系统时"才可以增加 25%。也即仅房间或走道局部设置时，其相应的安全疏散距离不得增加。

因此，如果仅为了增加某处的安全疏散距离，将局部设置改为建筑内全部设置自动喷水灭火系统，显然是舍本求末，得不偿失！

（3）《建规》第 5.5.17−4 条规定，对于"一、二级耐火等级建筑内疏散门或安全出口 ≥ 2

个的观众厅、展览厅、多功能厅、餐厅、营业厅等，其室内任一点至最近疏散门或安全出口的直线距离应 ≤ 30m；当疏散门不能直通室外地面或疏散楼梯间时，应采用长度 ≤ 10m 的疏散走道通至最近安全出口。当该场所设置自动喷水灭火系统时，室内任一点至最近安全出口的安全疏散距离可分别增加 25%。"该条文中虽然仅要求"该场所设置自动喷水灭火系统"，但存在如下质疑：

①当上列厅堂内任一点可直通安全出口时，根据（1）所述的原则，如欲增加安全疏散距离，也应在所属的防火分区内均设置自动控制喷水灭火系统，不能仅局限于该场所内。

②当上列厅堂内任一点需经疏散门和走道到达最近安全出口时，其安全疏散距离的限值为 30m+10m=40m。此值等同于《建规》表 5.5.17 中，位于两个安全出口之间疏散门至最近安全出口直线距离的限值（当为一、二级耐火等级的"其他建筑"时）。故根据（2）所述，仍应"在建筑内全部设置自动喷水灭火系统时"才能增值。

③《建规图示》5.5.17 图示 7 的注 1 也仍要求"建筑内全部设置自动喷水灭火系统时"，才可以增值。与《建规》第 5.5.17–4 条正文不同。

（4）为了有效扑灭初期火灾，《建规》第 8.3.1~8.3.4 条规定：除另有规定和不宜用水保护灭火的场所外，"宜采用"自动喷水灭火系统，而非"应采用"自动喷水灭火系统。据此，有人问："当采用其他自动灭火系统时，该处相关的安全疏散距离是否也可以增加 25%？"但根据《建规》表 5.5.17 注 3 的规定，因仅限于"设置自动喷水灭火系统"时，故采用其他自动控制灭火系统时，则不能增值！

（5）上述理解是否正确，设计时应取得消防审批部门的认定。

6.2 公共建筑疏散楼梯的类型与数量（垂直疏散）

6.2.1 如何确定公共建筑地上层疏散楼梯的类型？

答：相关规范的相应规定汇总如下表所示。

公共建筑地上层疏散楼梯类型的设置条件　　　　　　　　　　表 6.2.1

楼梯间的类型	序号	适用范围 规定的设置条件	依据规范的条文号	附注
封闭楼梯间	①	下列多层公共建筑： 医疗建筑、旅馆、老年人建筑及类似使用功能的建筑 设置歌舞娱乐放映游艺场所的建筑 商店、图书馆、展览建筑、会议中心及类似使用功能的建筑	《建规》5.5.13	封闭楼梯间的设计要求见《建规》6.4.1 和 6.4.2
	②	≥ 6 层的其他多层公共建筑		
	③	高层公共建筑的裙房（与主体间设防火墙）	《建规》5.5.12	
	④	≤ 32m 的二类高层公共建筑		
	⑤	7~11 层的通廊式宿舍	《宿设规》4.5.2	
	⑥	12~18 层的单元式宿舍		
敞开楼梯间	⑦	①和②项中与敞开外廊相连的楼梯间	《建规》5.5.13	敞开楼梯间的设计要求见《建规》6.4.1
	⑧	除①以外 ≤ 5 层的其他公共建筑		
	⑨	≤ 6 层的通廊式宿舍	《宿设规》4.5.2	
	⑩	≤ 11 层的单元式宿舍		
防烟楼梯间	⑪	一类高层公共建筑	《建规》5.5.12	防烟楼梯间的设计要求见《建规》6.4.1 和 6.4.3
	⑫	>32m 的二类高层公共建筑		
	⑬	≥ 12 层的通廊式宿舍	《宿设规》4.5.2	
	⑭	≥ 19 层的单元式宿舍		

从表中可以看出：《宿建规》关于宿舍疏散楼梯选型的规定，与《建规》差异较大，且明显宽松。但根据《建规》表 5.1.1 注 2，则明确"宿舍、公寓等非住宅类居住建筑的防火要求应符合本规范有关公共建筑的规定"。

6.2.2 如何确定公共建筑地下、半地下室疏散楼梯的类型？

答：执行《建规》第 6.4.4 条的规定。

（1）《建规》第 6.6.4-1 条规定："除住宅建筑套内的自用楼梯外，室内地面与室外出入

口地坪高差 >10m 或 ≥ 3 层的地下、半地下建筑（室），其疏散楼梯应采用防烟楼梯间；其他地下、半地下建筑（室），其疏散楼梯应采用封闭楼梯间"。

（2）该条系普遍性规定，适用于单建或附建式地下、半地下建筑，也不分公共和住宅建筑，对人员密集的公共建筑（如商场、娱乐游艺场所等）也不例外。

（3）从该条规定还可知：住宅套内的地下、半地下室可采用敞开楼梯间。

6.2.3　公共建筑设置剪刀梯有哪些规定条件？与住宅建筑者有何异同？

答：详见《建规》第 5.5.10、5.5.28 和 6.4.3 条，现将其解析汇总如下表。

公共建筑和住宅建筑设置剪刀梯的规定条件　　　　　　　表 6.2.3

建筑类型		高层公共建筑	住宅建筑（多为高层塔式或单元式住宅）
规定条件	①	任一疏散门至最近疏散楼梯间 ≤ 10m	任一户门至最近疏散楼梯间 ≤ 10m
	②	采用防烟楼梯间	
	③	梯段之间应采用耐火极限 ≥ 1.00h 的防火隔墙分隔	
	④	楼梯间内的加压送风系统不应合用	楼梯间内的加压送风系统不宜合用；合用时，应符合有关标准的规定
	⑤	楼梯间的前室应分别设置；前室的使用面积应 ≥ 6m²	楼梯间的前室不宜共用（其使用面积应 ≥ 4.5m²）。共用时，共用前室的使用面积应 ≥ 6m²
	⑥	楼梯间的前室可与消防电梯的前室合用，合用前室的使用面积应 ≥ 10m²	楼梯间的前室或共用前室不宜与消防电梯的前室合用。合用时，楼梯间前室与消防电梯合用前室的使用面积应 ≥ 6m²；楼梯间共用前室与消防电梯合用前室的使用面积应 ≥ 12m²，且短边边 ≥ 2.4m
条文号		《建规》5.5.10 和 6.4.3	《建规》5.5.28 和 6.4.3

（1）由表中的规定条件⑤和⑥可知：剪刀梯的两个防烟前室属公共建筑时必须分设，属住宅建筑时则可共用。且住宅建筑也允许该共用前室在满足规定的条件下，可与消防电梯前室三者合用（俗称"三合一前室"），而公共建筑绝不可以。

（2）表中的规定条件①"主要为限制楼层的面积"（见《建规》第 5.5.10 条的条文说明）。此点对住宅建筑较易达到，对大型公共建筑（特别是大空间厅堂者）则较难满足。

（3）在多层商场和体育馆中，为保证疏散宽度并节省空间；以及在地下车库中，为减少人员疏散楼梯间出地面的数量，也不乏采用剪刀梯（且不限于防烟楼梯间）的实例，但均应经消防审批部门的认可。

6.2.4　公共建筑的楼梯间何时应通至屋面？

答：均宜通至屋面。

（1）《建规》第 5.5.3 条规定："建筑的楼梯间宜通至屋面，通向屋面的门或窗应向外开启"。该条系指所有民用建筑,故从提供疏散、避难和救援条件,以及方便工程和设备维修考虑,公共建筑（特别是高层公共建筑）的楼梯间均宜通至屋面,且宜≥2座。

（2）现将其他规范的相关规定汇总如下表。

公共建筑楼梯间通至屋面的规定 表 6.2.4

规范名称及条文号	规定内容摘录
《商设规》5.2.5	大型商店的营业厅设置在≥5层时,应设置不少于2座直通屋顶平台的疏散楼梯间
	屋顶平台上无障碍物的避难面积宜≥最大营业层建筑面积的50%
《宿设规》4.5.2-2	单元式宿舍≥7层时,各单元的楼梯间均应通至屋顶
	但≤10层时,在每层居室通向楼梯间的入口处有乙级防火门分隔时,则楼梯间可不通至屋顶
《技术措施》8.3.11-1-3	多层的托儿所、幼儿园和大、中、小学教学楼的疏散楼梯均应通至屋顶

6.2.5 公共建筑中两个相邻的防火分区可以合用一部疏散楼梯间吗？

答：不可以，因无规范依据。

（1）《建规》第5.5.8条规定公共建筑安全出口的数量应经计算确定,且不应少于2个（符合规定条件时可设1个）,其范围均系指"每个防火分区或一个防火区的每个楼层"。故两个防火分区合用一个安全出口显然不妥。

（2）《技术措施》第3.4.22-3条允许:地下汽车库的人员疏散可借用相邻住宅防火分区的楼梯作为第二安全出口。但《建规》无相关规定,虽有较多工程实践,但仍属特例,不应推广（详见本书10.1.2和10.1.3）。

6.2.6 封闭楼梯间和防烟楼梯间前室的门可以直接开向大空间厅堂吗？

答：可以。

（1）《建规》第6.4.2-2条规定:"除楼梯间的出入口和外窗外,封闭楼梯间的墙上不应开设其他门、窗、洞口";《建规》第6.4.3-5条则规定:"除住宅建筑的前室外,防烟楼梯间和前室的墙上不应开设除疏散门和送风口外的其他门、窗、洞口"。在此两项规定中,均未限定楼梯间的疏散门只能开向"公共走道",也即可以直接开向大空间厅堂。

（2）对于客、货电梯则宜设置候梯厅,与大空间厅室采取不同程度的防火分隔（详见本书9.2.3）。其原因在于:客、货电梯的层门虽然耐火极限应≥1.0h（《建规》第6.2.9-5条）,但其井道实为贯通各层防火分区的竖井。当厅堂内失火时,有可能成为火情蔓延的通道,故二者之间应采取防火分隔措施。

（3）作为竖向疏散唯一通路的楼梯间（电梯不能供疏散之用），虽然也是通高的竖井，但防烟楼梯间前室已具有防火分隔和防、排烟功能；封闭楼梯间也能自然通风且限制层数。故无需与厅室之间再增设"公共走道"作为防火分隔措施。否则将使安全出口的位置隐蔽、疏散路径曲折，反而不利于人员疏散。

6.2.7 公共建筑设置 1 个安全出口应符合哪些条件?

答：详见《建规》第 5.5.5、第 5.5.8、第 5.5.9 和第 5.5.11 条，现将其解析汇总如表 6.2.7 所示。

公共建筑每个防火分区或一个防火分区的每个楼层设置 1 个安全出口的条件　表 6.2.7

名　称		耐火等级	最多层数	每层或一个防火分区的面积（m²）	最多人数（人）	其他限定条件	《建规》条文号
单层或多层公共建的首层（幼托除外）		不限	1 层或首层	200	50	—	
二、三层建筑（幼托的儿童活动用房及场所、医疗及老年人建筑、娱乐游艺场所等除外）		一、二级	3	200	50（二、三层之和）	—	5.5.8
		三级	3	200	25（二、三层之和）	—	
		四级	2	200	15（第二层）	—	
主体顶层局部升高部分		一、二级	2	200	50（两层之和）	1. 主体每层应≥2 部疏散楼梯 2. 另设≥1 个直通主体上人平屋面的安全出口，且该屋面符合人员安全疏散要求	5.5.11
公共建筑（不限地上、地下，但每层≥2 个防火分区）		一、二级	不限	1000	—	防火分区间防火墙上的甲级防火门可作为个别防火分区的安全出口，其净宽应≤该区疏散宽度的30%，且每层直通室外的总疏散宽度不得减少	5.5.9
娱乐游艺场所除外的地下、半地下建筑（室）	设备间	一级	—	200	—	—	5.5.5
	其他		—	50	15	—	
人员密集场所除外的地下、半地下建筑（室）			埋深≤10m	500	30	直通室外的金属竖向梯可作为第二安全出口	

注：①不符合本表规定条件者，每个防火分区或一个防火分区的每个楼层，其安全出口的数量应经计算确定，且应≥2 个（《建规》第 5.5.8 条）。
　　②非住宅类的居住建筑可参用此表。

6.3 公共建筑的安全疏散宽度

6.3.1 计算公共建筑的疏散宽度有哪些基本步骤？

答：基本分为两步。

（1）确定疏散人数

①对于"有固定座位的场所，其疏散人数可按实际座位数的 1.1 倍计算"（《建规》第 5.5.21–5 条）。

②对于是无标定人数的录像厅、放映厅、展览厅和商店，可根据《建规》第 5.5.21–4 中 –6 和 –7 条给出的该厅、室的人员密度（人 /m²）算出相应的疏散人数。

对于其他无标定人数的厅、室，则应按人均最小使用面积（m²/ 人）反算得出应疏散的人数。其值详见该建筑类型的设计规范（《技术措施》汇总为表 2.5.1）。应注意的是，计算时均应取该厅、室的使用面积，而非建筑面积，更不含辅助面积。

（2）计算疏散宽度

根据《建规》第 5.5.20 和 5.5.21 条给出的百人疏散净宽指标（m/100 人），乘以应疏散的人数即可得出相应的疏散宽度。

应提醒的是，《建规》给出的剧场、电影院、礼堂和体育馆的百人疏散净宽度指标，与相关的建筑设计规范和《技术措施》的数值有所出入。因后者为正常使用情况下房内合理的使用人数，并非消防疏散的最不利人数。故应以《建规》的数据为准。

6.3.2 公共建筑各部位疏散的最小净宽度如何确定？

答：现将《建规》的相关规定解析汇总如下。

（1）剧院、电影院、礼堂、体育馆及人员密集场所各部位疏散的最小净宽度详见《建规》第 5.5.20 和 5.5.21 条。其中商店可详见本书 10.2。

（2）除上述以外的其他公共建筑，应执行《建规》第 5.5.18 条的规定（解析汇总如表 6.3.2 ）。

（3）由于公共建筑的类型繁多，《建规》未规定者，应执行相应的建筑设计规范（参见《技术措施》表 8.3.8 ）。与《建规》不同者，则应以两者最新版为准。

一般公共建筑各部位疏散的最小净宽度（m）　　　　表 6.3.2

建筑类型		疏散楼梯	疏散走道		安 全 出 口			疏散门
			单面布房	双面布房	首层疏散外门	首层楼梯间疏散门	其他	
多层		1.1	1.1		0.9		0.9	0.9
高层	医疗	1.3	1.4	1.5	1.3		0.9	0.9
	其他	1.2	1.3	1.4	1.2		0.9	0.9

第 7 章 住宅建筑的安全疏散

7.1 住宅建筑的安全疏散距离（水平疏散）

7.1.1 住宅户门至最近安全出口的最大距离如何确定？

答：见《建规》第 5.5.29-1 条的规定，解析后如表 7.1.1 所列。

住宅建筑直通疏散走道的户门至最近安全出口的直线距离（m）　　表 7.1.1

名　　称		位于两个安全出口之间的户门			位于袋形走道两侧或尽端的户门		
		耐火等级			耐火等级		
层数	安全出口的类型	一、二级	三级	四级	一、二级	三级	四级
单层或多层	封闭或防烟楼梯间	40	35	25	22	20	15
	敞开楼梯间	35	30	20	20	18	13
	经敞开式外廊至安全出口	45	40	30	27	25	20
高层	封闭或防烟楼梯间	40	—	—	20	—	—
	敞开楼梯间	35	—	—	18	—	—
	经敞开式外廊至安全出口	45	—	—	25	—	—

注：①采用封闭或防烟楼梯间时的数值为本表的基数。当采用敞开楼梯间时，则位于安全出口之间者该值 -5m、位于袋形走道者 -2m；当经敞开式外廊至安全出口时，则二者均 +5m。
②住宅建筑多不设置自动喷水灭火系统，故本表未列入其增值。
③跃廊式住宅户门至最近安全出口的距离，应从户门算起，小楼梯的一段距离可按其 1.50 倍水平投影计算。

7.1.2 当住宅建筑的剪刀梯为合用前室时，两樘楼梯间门的净距也应 ≥ 5m 吗？

答：是的。

（1）住宅建筑的剪刀梯应分别设置楼梯间前室，但困难时允许共用前室（甚至该共用前室可再与消防电梯前室合用），详见本书表 6.2.3。

（2）剪刀梯实为同一防火分区内的两个安全出口，根据《建规》第 5.5.2 条（本书 6.2.4）的规定，二者的净距应 ≥ 5m。但由于剪刀梯系两部套叠的楼梯，当两樘楼梯间的门开向合用前室时，此限值常被忽视（参见《技术措施》图 8.3.5 和《建规图示》5.5.2）。

不言而喻，当剪刀梯分别设置楼梯前室时，进出前室的两樘门也应净距 ≥ 5m。

（3）同理，剪刀梯在住宅的首层，即便是合用前室，也宜设置 2 个分别通向室外的出口，且净距应 ≥ 5m。但《建规》第 5.5.28 条的条文说明允许："当首层的公共区无可燃物且首层的户门不直接开向前室时，剪刀梯在首层的对外出口可以共用，但宽度需满足人员疏散要求"。

7.1.3　住宅楼梯间在首层与对外出口的最大距离如何确定？

答：《建规》与《住建规》的规定稍有不同。

（1）《建规》第 5.5.29–2 条的相关规定，与第 5.5.17–2 条对公共建筑的此项规定完全相同（详见本书 6.1.3）。

（2）《住建规》第 9.5.3 条仅对本书表 6.1.3 中的第②项无 ≤ 4 层的限制，其他均同《建规》的相关规定。在住宅设计中是否执行，应征得消防审批部门的认可。

7.1.4　住宅户内的安全疏散距离如何确定？

答：《建规》第 5.5.29–3 条有明确规定。

（1）该条文为："户内任一点到其直通疏散走道的户门的距离不应大于表 5.5.29 中规定的袋形走道两侧或尽端的疏散门至安全出口的最大直线距离"。并注称："跃层式住宅，户内楼梯的距离可按其梯段水平投影长度的 1.5 倍计算"。

由于户内的安全疏散距离与户外公用安全出口的类型无关，故该值应为表 5.5.29（本书表 7.1.1）的基准数据（即公用安全出口为封闭或防烟楼梯间时的相应数值）。如当为一、二级耐火等级时，单层和多层住宅的该值为 22m，高层住宅的该值为 20m。

（2）对于多层独户别墅，户门亦即直通室外的安全出口。其户内的最大安全疏散距离如何取值，尚未见规范明确规定。

7.2　住宅建筑疏散楼梯的类型与数量（垂直疏散）

7.2.1　如何确定住宅建筑地上层疏散楼梯的类型？

答：详见《建规》第 5.5.27 条的规定（表 7.2.1）。

住宅建筑地上层疏散楼梯类型的设置条件　　　　表 7.2.1

楼梯间的类型	建筑高度及其他设置条件	依据的《建规》条文号
敞开楼梯间	≤ 21m	5.5.27-1
	>21m 但 ≤ 33m 且户门为乙级防火门	5.5.27-2
	≤ 21m 其楼梯与电梯井相邻，但户门为乙级防火门	5.5.27-1
封闭楼梯间	>21m 但 ≤ 33m	5.5.27-2
	≤ 21m 但楼梯与电梯井相邻	5.5.27-1
防烟楼梯间	>33m	5.5.27-3

注：《住建规》第 9.5.3 条为："住宅建筑的楼梯间形式应根据建筑形式、建筑层数、建筑面积以及套房户门的耐火
　　等级等因素确定"。系性能化条文，故应执行本表的规定。

7.2.2　如何确定住宅建筑地下、半地下室疏散楼梯的类型？

答：根据住宅地下、半地下室的使用性质（公用或套内）而不同。

（1）当住宅的地下、半地下室内为公用的车库、库房、设备用房，以及商业、娱乐等用房时，其疏散楼梯的类型同公共建筑。详见本书 6.2.2。

（2）当住宅的地下、半地下室为每户套内自用的车库、库房、设备和文娱用房时，其疏散楼梯的类型如何确定？尚无明确的条文规定。《建规》第 6.4.4 条虽有相关规定，但"住宅建筑套内的自用楼梯"除外，故在征得消防审批部门允许后，一般采用敞开楼梯间即可。而且当与地上层共用楼梯时，在首层也无须进行防火分隔（参见本书 7.2.4）。

7.2.3　住宅建筑设置剪刀梯应符合哪些规定？

答：详见本书 6.2.3。

7.2.4　跃层式住宅户内梯的类型有无限定？

答：未见规范明确规定。

（1）前已述及，《建规》5.5.29-3 条的附注中仅规定"跃层式住宅，户内楼梯的距离可按

其梯段水平投影长度的 1.5 倍计算"。与户内梯的类型无关。

在实际工程中则多为"无外窗的敞开楼梯间"或敞开楼梯，消防审批部门也均有认可。

（2）此类户内梯尚可延伸至户内的地下层，且无需在首层作防火分隔。其根据为《建规》第 6.4.4 条："除住宅建筑套内自用楼梯外，地下、半地下与地上层不应共用楼梯间，必须共用楼梯间时，在首层应采用耐火极限不低于 2.00h 的不燃烧隔墙和乙级防火门将地下、半地下部分与地上部分的连通部位完全分隔，并应有明显标志"。

7.2.5　11 层顶层户内跃 1 层的单元式住宅，可以仍采用封闭楼梯间和 1 部电梯且不设消防电梯吗？

答：不可。应采用防烟楼梯间和设置消防电梯。

（1）《建规》第 5.5.27–3 和 7.3.1 条分别规定："＞33m 的住宅应采用防烟楼梯间"和"＞33m 的住宅应设消防电梯"。该两项规定均以住宅的建筑高度为界，与住宅类型和层数无关。

（2）《住设规》第 4.0.5–1 条规定："当住宅楼的所有楼层的层高 ≤ 3.0m 时，层数应按自然层数计算，若有楼层的层高 ＞3m 时，则应对这些层按其层高的总和 ÷3m，当余数 ≥ 1.5m 时，多出的部分仍按一层计算"。据此，（11+1）层的"建筑层数"仍为 12 层。鉴于《住设规》和《住建规》没有给出根据"建筑层数"确定楼梯间类型的具体规定，故仍应执行《建规》的相关条文。

（3）同理，对于顶层户内跃 1 层的（7+1）层、（18+1）层和（33+1）层的单元式住宅，均应如上处理。

还应指出的是：上述作法，均系打旧规范的"擦边球"。其中以（11+1）层最为典型，因其与 12 层相比，无需设置防烟楼梯间和 2 部电梯（且 1 部应为消防电梯），只设封闭楼梯间和 1 部电梯即可，性价比倍受青睐。但新《建规》执行后，则属违规，不能采用。

7.2.6　住宅建筑每单元每层设置一个安全出口应符合哪些条件？

答：相关规定汇总如表 7.2.6 所列。

住宅建筑每个单元每层可设置一个安全出口的条件　　　　　　表 7.2.6

建筑高度	任一层建筑面积	任一户门至安全出口的距离	户门应采用乙级防火门	楼梯间应通至屋顶，并与相邻单元楼梯相通	规范条文号
≤ 27m	≤ 650m²	≤ 15m	—	—	《建规》5.5.25 和 5.5.26 《住建规》9.5.1 《住设规》6.2.1 和 6.2.2
＞27m 但 ≤ 54m		≤ 10m	V	V	

注：＞54m 和未符合本表条件者，住宅单元每层的安全出口均不应少于 2 个。

【讨论】鉴于《建规》、《住建规》和《住设规》有关住宅建筑防火设计的规定，均不针对住宅的具体类型。故对于建筑高度 >27m 但 ≤ 54m 的塔式住宅，因无相邻单元的楼梯间可供在屋面连通，即便其他条件符合要求，按《建规》第 5.5.26 条的规定，仍应设两部疏散楼梯。此点与以往的常规做法及规定变化较大，似可商榷。

同样，在该建筑高度范围内，对于坡屋面和跌落式平屋面的单元式住宅，也会出现相邻单元的楼梯间无法经屋面连通的问题，《建规》对此无明确规定，但《建规图示》5.5.26 图示 3 允许：

（1）当住宅为跌落式平屋面时，在高单元与低单元屋面相同标高的楼层内，可设公共走道通至低单元的屋面。但该做法未限定相邻单元的高度差，以及高出楼层的人数和面积。似可参照执行《建规》第 5.5.11 条关于公共建筑局部升高时的规定："高出部分的层数应 ≤ 2 层、人数之和 ≤ 50 人且每层建筑面积 ≤ 200m²"（其中限定面积似可增大）。

（2）但上述做法有违《建规》第 5.5.26 条要求"单元疏散楼梯应能通过屋面连通"的规定。如严格执行则此类的每个单元均应有 2 部疏散楼梯。

7.2.7 住宅楼梯间何时应通至屋面？

答：住宅的楼梯间均宜通至屋面，且有的必须通至屋面。

相关规定汇总如表 7.2.7 所列，其中《建规》的规定较为宽松。但建议只要条件允许，住宅的楼梯间均应通至屋面，且每栋住宅不宜少于 2 座。因为该措施不仅是火灾时临时避难、救援和继续疏散的需要，也便于日常登临和维修。

住宅楼梯间通至屋面的相关规定　　　　　　　　　　　　　　表 7.2.7

序号	规范条文内容摘要	条文号
1	建筑的楼梯间宜通至屋面，通向屋面的门或窗应向外开启	《建规》5.5.3
	<10 层的住宅建筑的楼梯间宜通至屋顶，且不应穿越其他房间。通向平屋面的门应向屋面方向开启	《住设规》6.2.6
	符合下列条件的住宅楼梯可不通至屋顶： ①≤ 18 层，每层 ≤ 8 户、建筑面积 ≤ 650m² 且设有一座共用的防烟楼梯间和消防电梯的住宅 ②顶层设有外部联系廊的住宅	《住设规》6.2.7
2	≥ 10 层的住宅建筑，每个住宅单元的楼梯均应通至屋顶，且宜在屋顶相连通	
	>27m 但 ≤ 54m 的多单元高层住宅，当每个单元按规定条件（本书表 7.2.6）可设置一座楼梯时，其楼梯间应通至屋面，且单元间的疏散楼梯应能通过屋面连通	《建规》5.5.26
	除按规定可设置一部楼梯的塔式住宅和顶层为外通廊式住宅外，高层住宅通至屋面的楼梯间不宜少于 2 座	《技术措施》8.3.11–2

7.2.8　为何 21m（7 层）、33m（11 层）、54m（18 层）和 100m（33 层）被称为住宅竖向防火和交通设计的关键高度？

答：因该四处均为住宅楼梯间和电梯类型与数量，以及避难设施的变更点。现将各规范的相关规定汇总如表 7.2.8 所示，以便记忆。

住宅竖向防火和交通设计的关键高度　　　　表 7.2.8

高度		规范条文内容提要	规范及条文号
21m（7 层）	楼梯	≤ 21m 的住宅可采用敞开楼梯间； 与电梯井相邻布置的应为封闭楼梯间，但户门采用乙级防火门时，仍可为敞开楼梯间	《建规》5.5.27-1 和 -2
		>21m 但 ≤ 33m 的住宅应采用封闭楼梯间（户门为乙级防火门时仍可采用敞开楼梯间）	
	电梯	≥ 7 层的住宅应设电梯	《住设规》6.4.1
33m（11 层）	楼梯	>33m 的住宅应采用防烟楼梯间	《建规》5.5.27-3
	电梯	≥ 12 层的住宅，电梯不应少于 2 台	《住设规》6.4.4
		>33m 的住宅应设消防电梯	《建规》7.3.1
54m（18 层）	楼梯	>54m（18 层）的住宅，每个单元每层的安全出口应 ≥ 2 个	《建规》5.5.25-3 《住设规》9.5.1
		>27m 但 ≤ 54m 的住宅，每个单元设置一座疏散楼梯时，疏散楼梯应通至屋面，且单元之间的疏散楼梯应能通过屋面连通，户门应采用乙级防火门。当不能通至屋面或不能通过屋面连通时，应设 2 个安全出口	《建规》5.5.26
	避难房	>54m 的住宅，每户应设一间避难房	《建规》5.5.32
100m（33 层）	避难层	>100m 的住宅应设避难层	《建规》5.5.31 和 5.5.23

7.2.9　住宅的剪刀楼梯均应通至屋面吗？

答：均宜通至屋面。

（1）《建规》第 5.5.3 条仅规定，建筑的楼梯间"宜"通至屋面，并未要求楼梯间均"应"通至屋面。

（2）《建规》第 5.5.26 条规定："建筑高度 >27m 但 ≤ 54m 的住宅建筑每个单元设置一座疏散楼梯时，疏散楼梯应通至屋面，且单元之间的疏散楼梯应能通过屋面连通，户门应采用乙级防火门。当不能通至屋面或不能通过屋面连通时，应设置 2 个安全出口"。也即，当住宅的每个单元已设置两座疏散楼梯时，该疏散楼梯可不通至屋面。

（3）《建规》第 5.5.28 条又规定："住宅单元的疏散楼梯，当分散设置有困难且任一户门至最近疏散楼梯间入口的距离≤ 10m 时，可采用剪刀楼梯间"。由此可知，剪刀楼梯间实为住宅同一单元内的 2 个安全出口，已能满足双向疏散的要求，故可以不通至屋面。

（4）但只要条件允许，住宅的剪刀楼梯均宜通至屋面，以便更有利于疏散和平时登临，以及避免分不清哪一部剪刀楼梯通至屋面。

（5）至于公共建筑的剪刀楼梯是否通至屋面，应执行本书 6.2.4 所列的相关规定。

7.3　住宅建筑的安全疏散宽度

7.3.1　住宅楼梯、公用走道和疏散门的最小净宽度如何确定?

答：相关规范的规定摘汇如表 7.3.1 所列。

住宅楼梯、公用走道和疏散门的最小净宽度　　　　表 7.3.1

部　位			最小净宽度（m）	规范条文号
楼梯	公用楼梯	梯段	1.10 1.00（≤ 18m 即 ≤ 6 层，且一侧为栏杆）	《建规》5.5.30 《住建规》5.2.3 《住设规》6.3.1
		平台	1.20 1.30（剪刀梯）	《住设规》6.3.3 和 6.3.4
	户内梯		0.75（一侧为栏杆） 0.90（两侧为墙）	《技术措施》表 8.3.8
	公用走道		1.10	《建规》5.5.30
			1.20（建议按此值设计）	《住建规》5.2.1 《住设规》6.5.1
疏散门	安全出口		0.90	《建规》5.5.30
	户　门		0.90	《建规》5.5.30
			1.00	《住设规》表 5.8.7
	首层共用外门		1.10（每樘门洞净宽）	《建规》5.5.30
			1.20（每樘门洞净宽）	《住建规》表 5.8.7

注：①楼梯梯段的净宽指墙面装饰面至扶手中心之间的水平距离（《住设规》第 6.3.1 条条文说明）。
　　②门的净宽度应指开户后的通行净宽度，可按门洞宽度减少 0.1m 计算（《建规》第 3.7.5 条条文说明）。
　　③本表仅用于普通住宅，供老年人及残疾人使用者应执行相关规范的规定。

7.3.2　住宅建筑均需计算疏散宽度吗?

答：相关部位满足最小净宽后，户门和除通廊式住宅外，均不必再进行复核计算。

（1）《建规》第 5.5.30 条规定："住宅建筑的户门、安全出口、疏散走道和疏散楼梯的各自总净宽度应经计算确定"。但由于未给出计算所需的"净宽度 /100 人"指标，故建议参照《建规》表 5.5.22-1（一般公共建筑）的数据。为简化论证过程，本书索性均取其最大值（1.0m/100 人）进行计算。

该条还规定："疏散走道、疏散楼梯和首层疏散外门的净宽度应 ≥ 1.1m，安全出口和户门的净宽度应 ≥ 0.9m"。

（2）根据户门净宽应 ≥ 0.9m 和 1.0m/100 人指标，反算可知每户允许居住的最少人数为：0.9m ÷ 1.0m/100 人 =90 人。

此情况显然不可能出现。何况按照《住设规》的规定（本书表 7.3.1），户门净宽尚应 ≥ 1.0m，故所有住宅的户门无须再复核其疏散宽度。

（3）通廊式住宅（特别是大型并含跃层或跃廊者），因其每层的建筑面积、户数和人数，在理论上无限制，致使每层公用楼梯、走道、安全出口的人流量均可能较大，故除户门外，上述部位的疏散宽度则应经计算确定。

（4）对于其他类型住宅的每个居住单元，按仅设 1 部疏散楼梯考虑，取疏散楼梯的最小净宽 1.1m 和 1.0m/100 人指标进行反算，则该居住单元每层允许的最少居住人数为：1.1m ÷ 1.0m/100 人 =110 人，按三世同堂平均每户 6 人计算，最少达 110 人 ÷ 6 人 / 户 =18 户。此情况在当前不可能出现。

而且按照《住设规》的规定（本书表 7.3.1），住宅的疏散走道和首层的共用外门均应 ≥ 1.2m（安全出口也多为此值）。故对于其他类型住宅的上述部位均无须复核其疏散宽度。

（5）综上所述可知：当住宅建筑的相关部位，已满足最小宽度规定后，户门和除通廊式住宅外，均可不必再进行疏散宽度计算。

7.3.3 当楼梯间门的计算净宽 ≤ 0.9m 时，楼梯和门的净宽可以分别为 1.1m 和 0.9m 吗？

答：可以。

（1）根据《建规》第 5.5.18 和 5.5.30 条的规定，除另有规定者外，民用建筑疏散楼梯的最小净宽度为 1.1m（但建筑高度 ≤ 18m 的住宅楼梯，当一边设栏杆时，其最小净宽为 1.0m）；而楼梯间门的最小净宽度却为 0.9m（门洞口宽度 1.0m）。

二者宽度不同的原因在于：当火灾疏散时，楼梯上的人流需长时间并行，其最小净宽应按两股人流的宽度 2 × 0.55m=1.1m 考虑。但在门洞处，至少有 1 人可侧身瞬间通过，故该门的最小净宽可为 0.9m。

（2）《建规》第 5.5.18 条条文说明指出："当以门宽为计算宽度时，楼梯的宽度不应小于门的宽度；当以楼梯的宽度为计算宽度时，门的宽度不应小于楼梯的宽度"。据此可知：当楼梯间门的最小计算净宽为 0.9m 时，楼梯的最小净宽可为 1.1m（1.0m）。此情况在住宅建筑中多有采用。

反之，当楼梯的最小计算净宽为 1.1m（1.0m）时，楼梯间门的最小宽度也不能小于该值。此情况常在公共建筑中出现，故多将楼梯间的门与楼梯同宽，且最小净宽均取 1.1m。

高层公共建筑内楼梯间首层楼梯和疏散门的最小净宽度，应符合《建规》表 5.5.18 的相关规定。

第8章 建筑构造的防火措施

8.1 墙体和管道井

8.1.1 规范对窗槛墙的高度有哪些限定？

答：现将《建规》和《住建规》的相关规定汇总如表 8.1.1 所列。

窗槛墙的限定高度　　　　　　　　　　　　　　　　　表 8.1.1

类别	规范条文内容摘要	规范条文号
外窗	住宅建筑外墙上、下层开口部位之间应设置高度 ≥ 0.8m 的实体墙或挑出宽度 ≥ 0.5m、长度 ≥ 开口宽度的挑檐	《住建规》9.4.1
	与上述不同处为：实体墙高度应 ≥ 1.2m，防火挑檐宽度应 ≥ 1.0m	
	当室内设置自动喷水灭火系统时，上述实体墙的高度应 ≥ 0.8m。当确有困难时，可设置防火玻璃墙，但高层建筑的防火玻璃墙的耐火完整性应 ≥ 1.0h，单、多层建筑者应 ≥ 0.5h。外窗的耐火完整性不应低于防火玻璃的耐火完整性	《建规》6.2.5
	实体墙、防火挑檐的耐火极限和燃烧性能应 ≥ 相应耐火等级外墙的要求	
幕墙	幕墙应在每层楼板外处采取符合本规范第 6.2.5 条规定的防火措施，幕墙与每层楼板、隔墙处的缝隙应采用防火封堵材料封堵	《建规》6.2.6
阳台外窗	当封闭阳台有内门窗时，阳台楼板可视为实体挑檐，故阳台外窗的窗槛墙高度不限（但应按相关规定设置防护设施）	《住建规》辅导教材

8.1.2 锅炉房、变压器室、汽车库、非家用厨房外墙洞口上方何时可不设防火挑檐？

答：《建规》无相关规定。其他规范的相关规定如下所列。

（1）《汽车库防火规范》第 5.1.6 条及其条文说明规定，在车库墙门窗洞口的上方应设置不燃烧体（耐火极限 ≥ 1.0h）宽度 ≥ 1.0m 的防火挑檐；或者外墙窗槛墙的高度 ≥ 1.2m。

（2）《饮食建筑设计规范》第 3.3.11 条则规定：厨房"热加工间的上层为餐厅或其他用房时，其外墙开口上方应设宽度 ≥ 1.0m 的防火挑檐"。

8.1.3 规范对窗间墙的宽度有哪些限定？

答：现将《建规》和《住建规》的相关规定汇总如表 8.1.3 所示。

窗间墙的限定宽度 表 8.1.3

所在部位		规范条文内容摘要	条文号
防火墙两侧的外门窗	外墙为难燃性或可燃性墙体	防火墙应凸出墙面 ≥ 0.4m，且防火墙两侧的外墙应为宽度均 ≥ 2.0m 的不燃性墙体（其耐火极限应 ≥ 该外墙的耐火极限）	《建规》6.1.3 和 6.1.4
	外墙为不燃性墙体	防火墙可不凸出外墙面，其两侧外门、窗、洞口之间的净距应 ≥ 2.0m	
		防火墙位于建筑内转角处时，内转角两侧门、窗、洞口之间的净距应 ≥ 4.0m	
		设置乙级防火窗等防止火灾水平蔓延的措施时，上述距离不限（一侧设置即可）	
住宅的户间外门窗		相邻户开口之间的墙体宽度应 ≥ 1.0m；<1.0m 时，应在开口之间设置突出外墙 ≥ 0.6m 的隔板。实体墙、隔板的耐火极限和燃烧性能，均不应低于相应耐火等级建筑外墙的要求	《建规》6.2.5
楼梯间的外门窗		楼梯间的外门窗与两侧门、窗、洞口之间的窗间墙宽度应 ≥ 1.0m	《建规》6.4.1–1 《住建规》9.4.2

【讨论】鉴于《建规图示》6.1.3 图示 2 和 6.1.4 图示均要求：当防火墙两侧相邻的外门、窗均为乙级防火门、窗时，其窗间墙净宽度不限，其实仅一侧设置即可。由于不考虑相邻的防火分区同时失火，故外门窗为乙级防火门窗时，本区内失火不会向外蔓延，相邻防火分区失火也不会向内蔓延。

8.1.4 直通室外的安全出口上方，均应设置防火挑檐吗？

答：不一定。

（1）《建规》第 5.5.7 条规定："高层建筑直通室外的安全出口上方，应设置挑出宽度 ≥ 1.0m 的防护挑檐"。

但该项要求仅限于"高层建筑"，且为"防护挑檐"而非"防火挑檐"。也即，其目的主要在于防坠落物体和防雨，并非为阻止火灾蔓延。因为安全出口外不必考虑发生火情，否则设置安全出口将无意义。即使楼梯间内首层失火，因楼梯间实为通高竖井，故火焰和烟气将直接向上蔓延，外门上方设防火挑檐也不起阻隔作用。

（2）然而，如遇本条所述的情况，当汽车库或厨房加热间位于高层建筑的首层时，其安全出口上方的"防护挑檐可利用防火挑檐"（《建规》第 5.5.7 条条文说明）。

（3）除上述防护目的外，安全出口也多为平时人流出入口，为突出和美化，不论建筑层数，一般均设雨篷、深门套，甚至门廊。

8.1.5　屋面上相邻的天窗之间，以及高外墙上的门窗与低屋面上的天窗之间，其净距有限定吗？

答：二者分别位于两个防火分区时，其净距有限定。

（1）当屋面上两个相邻的天窗，分别位于顶层防火墙两侧的上方，如"防火墙横截面中心线水平距离天窗端面 <4.0m，且天窗端面为可燃性墙体时，应采取防火火势蔓延的措施"（《建规》第 6.1.2 条）。

（2）当高外墙上的门窗与低屋面上的天窗相邻，且分别位于防火墙两侧时，其间距和防火措施是否也执行上述规定，应取得消防审批部门的认可。

8.1.6　电缆井、管道井应在每层楼板处封堵吗？

答：是的。

（1）《建规》第 6.2.9–3 条《住建规》第 9.4.3–3 条均规定："建筑内的电缆井、管道井应在每层楼板处采用不低于楼板耐火极限的不燃材料或防火封堵材料封堵"。

（2）上述条文还规定："建筑内的电缆井、管道井与房间、走道等相连通的孔隙应采用防火封堵材料封堵"。

（3）《技术措施》第 11.4.2 条，虽然规定："建筑高度不超过 100m 的高层建筑，其电缆井、管道井，应每隔 2~3 层在楼板处用相当于楼板耐火极限的不燃烧体作防火分隔"。但系源自己作废的原《高规》第 5.3.3 条，故不必执行。

8.1.7　在住宅平面凹口内，尽端或两侧外墙上开设外窗时，其净距有何限定？

答：视该两樘外窗是否在同一防火分区而定。

（1）住宅平面的凹口部位多在厨房或卫生间处，以便开设外窗满足二者直接自然采光和通风的要求。

（2）鉴于《住建规》对住宅不划分防火分区（本书 5.1.3），且当前兴建的住宅均无自动喷水灭火系统，其每层的建筑面积多不超过一个防火分区的限值（多层者 ≤ 2500m²、高层者 ≤ 1500m²）。故住宅平面凹口内的外窗均位于同一防火分区内，但分属两户。

①据此，对于凹口内尽端的外窗，根据《建规》第 6.2.5 条（本书 8.1.4）的规定，户与户之间的窗间墙净宽应 ≥ 1.0m，或为凸出外墙面 ≥ 0.6m 的隔板（图 8.1.7–1）。

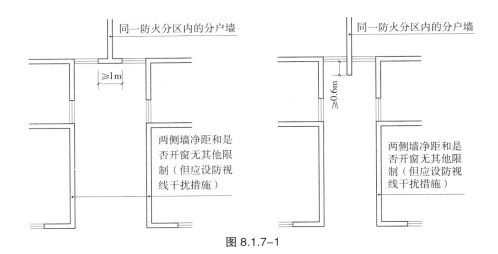

图 8.1.7-1

②此时，对凹口内两侧外墙的净距和是否开窗，《建规》无相关限制。但应按《住设规》第 5.8.1 条的规定，"凹口内的窗，应避免视线干扰"，如错位开设或采取遮挡设施等（图 8.1.7-1）。

（3）如《建规》第 5.3.1 条条文说明所述（本书 5.1.3），对于通廊式或超长的单元式住宅，其任一层的建筑面积仍有可能超过一个防火分区的限值。致使住宅平面凹口内的外窗不仅分属两户且位于两个相邻的防火分区内。

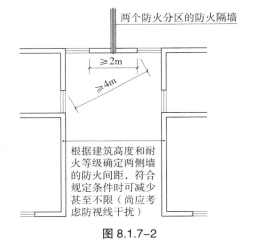

图 8.1.7-2

对此，则首先应按《建规》表 5.2.2 及其注 6 条文说明的要求，"对于 U 型建筑，两个不同防火分区的相对外墙之间也要有一定的间距，一般不小于 6m"（符合规定条件者，其防火间距可减少甚至不限），详见本书 4.0.1 和 4.0.2（图 8.1.7-2）。

至于此时凹口内外窗之间的净距，则应执行《建规》第 6.1.3 和 6.1.4 条，关于防火墙两侧门、窗、洞口之间最近边缘水平距离的规定（本书表 8.1.4）。

8.1.8 当每层各为一个防火分区时，靠外墙通高数层的厅室，在上层与相邻房间之间的窗间墙宽度有何限定？

答：应执行防火墙两侧外窗之间净距的规定。

（1）楼层之间以楼板为界，各为单独的防火分区。当局部有厅室数层通高时，实为"上下层相连通的开口"，其四周应设防火墙或防火卷帘等防火分隔措施，否则相通各层应视为

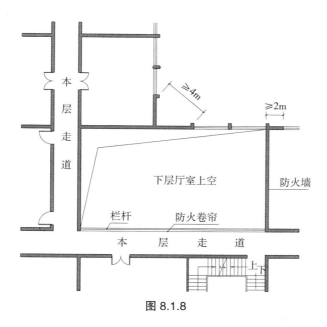

图 8.1.8

一个防火分区，其面积应叠加计算（《建规》第 5.3.2 和第 5.3.3 条）。

（2）既然通高厅室在上层与相邻房间之间为分隔防火分区的防火墙或防火卷帘，根据《建规》第 6.1.3 条和第 6.1.4（本书表 8.1.4），其两侧外窗的净距则应 ≥ 2m（内转角处为 ≥ 4m）。如图 8.1.8 所示。

8.1.9　客、货电梯可以直接向大空间场所开门吗?

答：不宜直接向营业厅、展览厅、多功能厅开门；与地下库之间应设候梯厅。

（1）《建规》第 5.5.14 条规定："公共建筑内的客、货电梯宜设置电梯候梯厅，不宜直接设置在营业厅、展览厅、多功能厅等场所内"。

（2）《建规》第 5.5.6 条规定："直通建筑内附设汽车库的电梯，应在汽车库部分设置电梯候梯厅，并应采用耐火极限不低于 2.00h 的防火隔墙和乙级防火门与汽车库分隔"。

8.2 疏散楼梯

8.2.1 楼梯间和前室的墙应是防火墙吗？

答：不一定。

（1）《建规》表 5.1.2 规定：防火墙应为耐火极限 ≥ 3.0h 的不燃性墙体。故其上的防火门相应为甲级。

（2）至于楼梯间和前室的墙，该表规定：

当为一、二级耐火等级的建筑时，应为耐火极限 ≥ 2.0h 的不燃性墙体；

当为三级耐火等级的建筑时，应为耐火极限 ≥ 1.5h 的不燃性墙体；

当为四级耐火等级的建筑时，应为耐火极限 ≥ 0.5h 的难燃性墙体。

故其上的防火门相应为乙级。

（3）根据该表注 2 的规定，住宅楼梯间和前室的墙，可执行《住建规》表 9.2.1 的相应数据。但对照两表可知：仅四级耐火等级的住宅，其值为"1.0h 的难燃性墙体"，其他者均同（见本书表 3.0.3）。

（4）当然，如楼梯间的墙兼为防火分区的隔墙时，则应为防火墙。

8.2.2 防烟楼梯间前室、消防电梯前室以及二者合用前室的最小面积均为使用面积吗？

答：是的。

（1）《建规》第 5.5.28、第 6.4.3 和第 7.3.5 条中均明确写明上述前室均为"使用面积"。

（2）《住设规》第 2.0.8 条则规定："使用面积不包括墙、柱等结构构造和保温层的面积"。因此，前室的面积应是相邻内墙皮围合的面积。此点往往被忽略，以致影响使用。

8.2.3 楼梯间或前室在首层或屋面开向室外的门应是普通门吗？

答：是的。

（1）建筑防火设计的前提条件是：室外地面在同一时段内无火情，故可视为室内疏散最终要抵达的安全区域；而室外屋面也应视为可供临时避难和继续疏散的场地。因此除特殊房间（如变电所等）的外门和个别部位（如防火墙两侧）的外门窗之外，建筑物的外门窗均为普通门窗。

（2）楼梯间和前室是室内安全出口，它与室内其他部位用耐火极限 ≥ 2.0h 的防火隔墙及乙级防火门相隔，是室内相对最安全的空间，因此它开向室外的门更无须是防火门。

（3）有人提出，对于加压送风的楼梯间和防烟前室，为防止泄压，其出屋面的外门仍应为防火门，以保证其自动关闭功能。若仅为此目的，选用普通弹簧门也无不可。

8.2.4　地下室的封闭楼梯间在首层有直接对外出口时，可视为已满足自然通风和采光要求吗？

答：位于地下一或二层的人防工程的封闭楼梯间可以，其他地下建筑可参照执行。

（1）根据《建规》第 6.4.4 条的规定，室内地面与室外出入口地坪高差 ≤ 10m 或 ≤ 2 层的地下、半地下建筑（室），其疏散楼梯应采用封闭楼梯间。

（2）《人防防火规范》第 5.2.2 条规定："封闭楼梯间的地面出口可用于天然采光自然通风，当不能采用自然通风时，应采用防烟楼梯间"。其条文说明进一步阐述："人防工程的封闭楼梯间与地面建筑略有差别，封闭楼梯间连通的层数只有两层，垂直高度不大于 10m，封闭楼梯间全部在地下，只能采用人工采光或由靠近地坪的出口来自然采光；通风同样可由地面出口来实现自然通风。人防工程的封闭楼梯间一般在单建式人防工程和普通板式住宅中能较容易符合本条的要求；对于大型建筑的附建式防空地下室，当封闭楼梯间开设在室内时，就不能满足本条要求，则需要设置防烟楼梯间"。

（3）由此可以推论：对于无人防工程的建筑（特别是板式住宅）的地下室为一或二层，且距室外地坪 ≤ 10m 时，其直通地面出口处的门、窗即可满足自然采光和通风的要求，而无需再设置采光井或改为防烟楼梯间。但设计时仍应取得消防审批部门的认可。

（4）由此可知，地下室封闭楼梯间满足自然采光与通风的措施可归纳为以下几种：
①当楼梯间靠外墙时，可设置直通至室外地面的窗井；
②当楼梯间靠外墙时，可在首层通向二层的平台与室外地面之间开设外窗；
③当为半地下室时，可在楼梯间外墙的地上部分开窗；
④当楼梯间靠外墙时，可将地面出口处的门窗直通室外；
⑤当楼梯间不靠外墙，但向上直通地面时，可在地上出入口层开设门窗。

（5）不言而喻，当无法实现上述自然采光和通风措施时，则应根据《建规》第 6.4.2 条的规定，设置机械加压送风系统或改为防烟楼梯间。

8.2.5　地上层与地下层共用的封闭楼梯间为靠外墙的"剪刀梯"时，内侧通向地下层的楼梯间如何满足自然通风和天然采光？

答：可酌情在首层采用如下措施。

（1）该剪刀梯的首层平面如图 8.2.5-1 所示。其内侧通向地下层的楼梯间，因不靠外墙，无法获得自然通风和天然采光，故不符合封闭楼梯间的设置要求，必须修改。而此错误极易被疏忽！

（2）其修改措施可酌情选择如下：

①首先应考虑，当地下层楼梯间的数量和疏散宽度允许时，索性取消内侧通向地下层的楼梯间，仅保留靠外墙者即可。

②根据地下层的"封闭楼梯间在地面的出口可用于天然采光和自然通风"（本书8.2.4）的规定，在首层设置"开敞门廊"，使内侧通向地下层的封闭楼梯间出口均"直通室外"（图8.2.5-2）。

③也可以为内侧通向地下层楼梯间另辟通至室外的专用走道（图8.2.5-3）。

④或者将上述"专用走道"改为"防烟前室"形成防烟楼梯间，则万无一失。

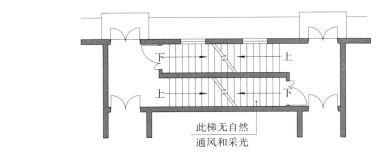

图 8.2.5-1

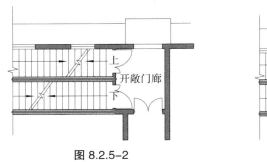

图 8.2.5-2

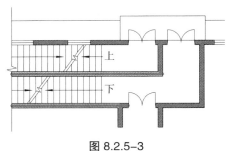

图 8.2.5-3

8.2.6 当地上层与地下层共用楼梯间时，楼梯间的外窗在首层也应设置防火分隔措施吗？

答：是的。

（1）当地上层与地下层共用楼梯间时，根据《建规》第6.4.4-3条的规定："在首层应采用耐火极限 ≥ 2.0h 的防火隔墙和乙级防火门将地下、半地下部分与地上部分的连通部位完全分隔，并应有明显标志"。其目的在于，防止地下层失火时，火情沿楼梯间蔓延至地上层，影响安全疏散。同时提示和引导疏散人员到达首层后即应直接逃至室外，以免继续上行或下行。据此，为达到地下与地上部分的连通部位"完全分隔"的目的，楼梯间外墙上的洞口之间，也应在首层采取防火分隔措施。

（2）当楼梯间的外窗位于一至二层楼梯平台处，或为通高外窗及幕墙时，该处的防火分隔措施最易遗漏（图 8.2.6）。具体做法见本书表 8.1.1。由于楼梯间实为竖向通高的竖井，故其他楼层的楼梯平台处则无需再设置防火分隔措施。

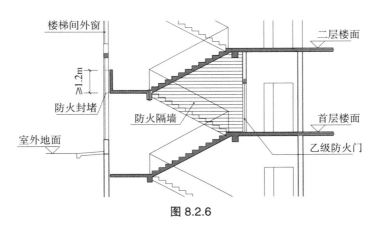

图 8.2.6

8.2.7　户门、管道井和普通电梯的门何时可开向各类防烟前室？

答：根据《建规》相关条文的规定汇总如表 8.2.7 所列。

户门、管道井和普通电梯门何时可开向各类防烟前室　　表 8.2.7

	洞口类别	防烟前室类别						《建规》条文号
		公共建筑			住宅建筑			
		消防电梯前室	防烟楼梯间前室	合用前室	消防电梯前室	防烟楼梯间前室	合用前室	
1	户门	—	—	—	V	V ≤ 3 樘	V ≤ 3 樘	5.5.27-3、6.4.3-5 和 7.3.5-3
2	管道井门	X	X	X	X	V	V	
3	普通电梯门	X	X	X	X	V	V	

（1）根据《建规》第 6.4.3-5 条的规定："除楼梯间和前室的出入口、楼梯间和前室除住宅建筑的楼梯间前室外，防烟楼梯间和前室内的墙上不应开设除疏散门和送风口外的其他门、窗、洞口"。

（2）且根据《建规》第 5.5.27-3 条规定："建筑高度 >33m 的住宅建筑应采用防烟楼梯间。户门不宜直接开向前室，确有困难时，每层开向同一前室的户门不应 >3 樘，且应采用乙级防火门"。

（3）又根据《建规》第7.3.5-3条的规定：消防电梯"除前室的出入口，前室内设置的正压送风口和本规范第5.5.27条规定的户门外，前室内不应开设其他门、窗、洞口"。

（4）上述规定综合如表8.2.7所列，可知：

①管道井和普通电梯门不应开向公共建筑的各类防烟前室；

②户门可以开向住宅建筑的各类防烟前室，但应≤3樘；

③管道井门和普通电梯门可以开向住宅建筑的防烟楼梯间前室或合用前室；

（5）但在公共建筑中常见有将普通电梯门开向合用前室的实例，不知其规范依据为何？

8.2.8 与室外楼梯相邻的外墙处可以改为与疏散门耐火极限相同的乙级防火窗吗？

答：不可以。

（1）由于不考虑室外同时着火，故室外楼梯的防火措施，主要是隔绝相邻室内出现的火情。为此，必须严格执行《建规》第6.4.5-5条的规定："除疏散门外，（室外楼梯）周围2m内的墙面上不应设置门窗洞口"。此点实际与对室内封闭楼梯间隔墙的规定相同。

（2）室外楼梯的梯段多与外墙平行布置，故应注意："周围2m内"系指从包括平台在内的室外楼梯外缘算起，而不是从梯段两端算起。否则室内起火时，火焰可从相邻外窗喷出，殃及楼梯平台，使室外楼梯无法通行（图8.2.8）。

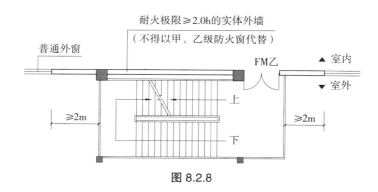

图 8.2.8

8.2.9 民用建筑封闭楼梯间出入口的门，何时可采用双向弹簧门？

答：仅下述四类多层民用建筑可以采用。

（1）《建规》第6.4.2-3条明确规定："高层建筑、人员密集的公共建筑、人员密集的丙类厂房、甲、乙类厂房，其封闭楼梯间应采用乙级防火门，并向疏散方向开启；其他建筑可采用双向弹簧门"。

（2）结合民用建筑的分类（《建规》表 5.1.1）和疏散楼梯的选型（本书表 6.2.1 和表 7.2.1），可知仅以下四类多层民用建筑的封闭楼梯间可采用双向弹簧门。

①高度 >21m 但 ≤ 27m（即 8 层和 9 层）且户门不是乙级防火门的多层住宅（户门为乙级防火门时则为敞开楼梯间）；

②高度 ≤ 21m（即 7 层及以下）但楼梯间与电梯井相邻且户门不是乙级防火门的多层住宅（户门为乙级防火门时则为敞开楼梯间）；

③≥ 6 层但 ≤ 24m 的非人员密集场所的多层公共建筑（无障碍设计部位除外）；

④与高层主体间设置防火墙，且为非人员密集场所的裙房（无障碍设计部位除外）。

（3）当封闭楼梯间为乙级防火门时，《建规》第 6.4.2-3 条的条文说明建议："对于人员经常出入的楼梯间的门，要尽量采用常开的防火门"。

8.2.10　不能自然通风的封闭楼梯间均应改为防烟楼梯间吗？

答：不一定，设置机械加压送风系统也可以。

（1）《建规》第 6.4.2 条明确规定：封闭楼梯间"不能自然通风或自然通风不能满足要求时，应设置机械加压送风系统或采用防烟楼梯间"。

（2）允许设置机械加压送风系统，而不必均改为防烟楼梯间，将使封闭楼梯间在以下建筑部位更可以灵活布置，有利于疏散距离和疏散宽度的设计。

①埋深 ≤ 10m 且 ≤ 2 层的地下、半地下层，特别是大空间或人员密集的场所，如地下车库或商场等；

②大空间或人员密集的多层公共建筑（含与高层主体之间设有防火墙的裙房），如商场、展览馆等；

③封闭楼梯间靠外墙，但仅上层可自然通风，下层被裙房封堵时。

8.2.11　开敞式阳台或凹廊可以作为防烟楼梯间或消防电梯的前室，以及二者的合用前室吗？

答：可以。

（1）《建规》和《建规图示》第 6.4.3 条的文图虽对此均无明确表述，但其条文说明则阐明："本条及本规范中的前室，包括开敞式的阳台、凹廊等类似空间"，此时"阳台或凹廊的使用面积也要满足前室的要求"。

（2）《技术措施》第 8.3.3-10 条的图示中还指出：防烟楼梯间入口处"设开敞式阳台或凹廊"时，其"楼梯间无论有无外窗均不需加压送风"。

8.2.12　在公共建筑防烟楼梯间的前室内，可以只设置普通电梯吗？

答：未见规范条文明确规定。

（1）《建规》第 6.4.3–5 条规定："除住宅建筑的楼梯间前室外，防烟楼梯间和前室内的墙上不应开设除疏散门和送风口外的其他门、窗、洞口"。但电梯井的层门似不在"其他门、窗、洞口"之列，因《建规图示》6.4.3 图示 3 中合用前室内同时设有消防电梯和普通电梯，故可推论：防烟楼梯间前室内也可以只设普通电梯。

（2）另外的依据是："《建规》表 5.1.2 和第 6.2.9–5 条规定，电梯井的墙应为耐火极限 ≥ 2.0h 的不燃性构件，层门的耐火极限应 ≥ 1.0h，并应符合相关规范规定的完整性和隔热性要求。上述规定明显严于对其他管井的要求，故推论：在防烟楼梯间的前室内，可以只设置普通电梯"。

（3）在具体设计中能否实施，仍应先征得消防审批部门的认可，因在规范中毕竟未见明确的条文规定。

8.3 防火门和防火卷帘

8.3.1 防火门窗的耐火性能是如何分类的？

答：根据《防火门》GB12955—2008 和《防火窗》GB16809—2008 解析如下。

（1）防火门窗的分类：

A 类（隔热）防火门或防火窗：在规定的时间内，能同时满足耐火完整性和隔热性要求的防火门或防火窗。

B 类（部分隔热）防火门：在规定的 0.5h 内，满足耐火完整性和隔热性要求，在 >0.5h 后所规定的时间内，能满足耐火完整性要求的防火门。

C 类（非隔热）防火门或防火窗：在规定的时间内，能满足耐火完整性要求的防火门或防火窗。

（2）各类防火门窗的耐火性能如表 8.3.1 所列。

各类防火门、防火窗的耐火性能　　　　　　　　　　　　表 8.3.1

耐火性能代号	名　称	耐　火　性　能	
		耐火隔热性	耐火完整性
A0.5（丙级）	隔热防火门 隔热防火窗 （A 类）	≥ 0.5h	≥ 0.5h
A1.0（乙级）		≥ 1.0h	≥ 1.0h
A1.5（甲级）		≥ 1.5h	≥ 1.5h
A2.0		≥ 2.0h	≥ 2.0h
A3.0		≥ 3.0h	≥ 3.0h
B1.0	部分隔热防火门 （B 类）	≥ 0.5h	≥ 1.0h
B1.5			≥ 1.5h
B2.0			≥ 2.0h
B3.0			≥ 3.0h
C0.5	非隔热防火窗	—	≥ 0.5h
C1.0	非隔热防火门 非隔热防火窗 （C 类）		≥ 1.0h
C1.5			≥ 1.5h
C2.0			≥ 2.0h
C3.0			≥ 3.0h

（3）由上表可知，新标准不仅调整了甲、乙、丙级防火门窗的耐火隔热性指标，而且增加了耐火完整性要求（系指防火门、窗和防火玻璃墙上的防火玻璃应在限定的时间内不破碎）。

（4）各类防火门窗规定的代号及标准图索引方法，详见国家标准图集《防火门窗》12J609。

8.3.2　民用建筑内的附属库房均应采用防火门吗？

答：应采用外开的乙级防火门。

（1）《建规》第5.4.2条规定，存放甲、乙类火灾危险性物品的储藏间，严禁附设在民用建筑内。也即，民用建筑内虽然可以布置部分附属库房，但只能存放火灾危险性为丙、丁、戊类的物品。

根据《建规》第3.1.3条及其条文说明，火灾危险性为丙、丁、戊类的物品举例如下：

丙类（可燃固体和闪点 ≥ 60℃的液体）：

①可燃固体：化学、人造纤维及其织物，纸张，棉、毛、丝、麻及其织物，谷物，面粉，粒径 ≥ 2mm 的工业成型硫黄，天然橡胶及其制品，竹、木及其制品，中药材，电视机、录音机等电子产品等；

②闪点 ≥ 60℃的可燃液体：动物油、植物油，沥青，蜡、润滑油、机油、重油，闪点 ≥ 60℃的柴油，糖醛，白兰地等。

丁类（难燃烧物品）：自熄性塑料及其制品，酚醛泡沫塑料及其制品，水泥刨花板等。

戊类（不燃烧物品）：钢材、铝材、玻璃及其制品，搪瓷制品，陶瓷制品，不燃气体，玻璃棉、岩棉、陶瓷棉、硅酸铝纤维、矿棉，石膏及其无纸制品，水泥，石，膨胀珍珠岩等。

（2）对于仅存入丙、丁、戊类物品的库房，尚应遵守下列规定：

①"同一座仓库或仓库内任一防火分区内储存不同火灾危险性物品时，仓库或防火分区的火灾危险性应按火灾危险性最大的物品确定"（《建规》第3.1.4条）。

②"丁、戊类储存物品仓库的火灾危险性，当可燃包装重量大于物品本身重量1/4或可燃包装体积大于物品本身体积的1/2时，应按丙类确定"（《建规》第3.1.5条）。

③民用建筑内的附属库房"应采用耐火极限 ≥ 2.0h 的防火隔墙与其他部位分隔，墙上的门、窗应采用乙级防火门、窗"（《建规》第6.2.3-4条）。

④"仓库的疏散门应采用向疏散方向开启的平开门"（《建规》第6.4.11-2条）。

⑤"地下室、半地下室室内存放可燃物平均重量 >30kg/m^2 的房间隔墙，其耐火极限应 ≥ 2.0h，房间的门应采用甲级防火门，且外开"（《技术措施》第3.3.5-4条，《建规》无此规定）。

（3）民用建筑地下室、半地下室内的库房，多供商店、办公、住宅等业主使用，其存放物品的种类、重量、数量和火灾危险性等级均难以控制。因此，设计时不要轻易标注为"戊类库房"。应从严按丙类库房对待，故其房间的疏散门宜为外开的甲级防火门。

8.3.3　人防门能兼防火门吗?

答: 不能。

(1)《人防防火规范》是针对人防工程平时, 而不是战时使用的防火规定(《人防防火规范》第 1.0.2 条)。防火门根据功能不同, 要求相应装设一些能自行关闭的装置, 如闭门器、双扇防火门应增设顺序器; 常开防火门再增设释放器和信号反馈装置。而人防门却无此功能。

(2)因此, 当人防口部以外为封闭楼梯间或防烟楼梯间时, 楼梯间和前室应另设防火门, 不能以人防门代替。

如受面积或平面的制约, 也可在人防门的洞口中套装防火门。因为人防门为了抗爆和密闭的需要, 门扇尺寸应大于洞口尺寸, 并安装于门洞的外侧且平时是常开的, 故不会影响防火门的功能。但要求在临战前应将防火门拆除, 以保证人防门的使用。

(3)《人防防火规范》第 4.1.1 条规定:"防火分区应在各安全出口处的防火门范围内划分"。其条文说明更明确解释:"对于通向地面的安全出口为敞开式或为防风雨棚架, 且与相邻地面建筑物的间距等于或大于表 3.2.2 规定的最小防火间距时, 可不设置防火门"。

8.3.4　户门为防火门时, 必须向外开启和设有自闭功能吗?

答: 宜向外开启, 但无须自闭功能。

(1)《建规》第 6.4.11-1 条规定:"民用建筑和厂房的疏散门, 应采用向疏散方向开启的平开门, 不应采用推拉门、卷帘门、吊门、转门和折叠门。除甲、乙类生产厂房外, 人数不超过 60 人且每樘门的疏散人数不超过 30 人的房间, 其疏散门的开启方向不限"。据此, 户门的开启方向不限。且户门为防火门时仍为每户的疏散门, 而非公用的疏散门, 此点与楼梯间疏散门不同。

(2)但户门为防火门时, 多由于要求直接开向防烟楼梯间前室或敞开楼梯间的缘故(参见本书 7.1.2 和 7.2.1), 故仍建议防火户门宜向外(疏散方向)开启。

(3)《建规》第 6.5.1-3 条规定:"除管井检修门和住宅的户门外, 防火门应具有自动关闭功能。双扇防火门应具有按顺序自动关闭的功能"。故防火户门无须自闭功能。

8.3.5　防火卷帘的宽度有限制吗?

答: 除中庭外, 对其宽度有限制。

《建规》第 6.5.3-1 条明确规定:"除中庭外, 当防火分隔部位的宽度 ≤ 30m 时, 防火卷帘的宽度应 ≤ 10m; 当防火分隔部位的宽度 >30m 时, 防火卷帘的宽度应 ≤ 该防火分隔部位宽度的 1/3, 且应 ≤ 20m"。

8.4 建筑保温和外墙装饰

8.4.1 对建筑保温和外墙装饰有何一般性防火规定？

答： 如下所列。

（1）建筑的内、外保温系统，宜采用燃烧性能为 A 级、不宜采用 B$_2$ 级和严禁采用 B$_3$ 级的保温材料；设置保温系统的基层墙体或屋面板的耐火极限应符合本规范的规定（《建规》第 6.7.1 条）。

（2）建筑外墙保温系统的类别如下表所列。

建筑外墙保温系统的类别　　　　　　　　　　　　　　　表 8.4.1

保温系统类别		条文说明摘要	《建规》条文号
外墙内保温		保温材料设置在建筑外墙室内一侧的保温系统	6.7.2
外墙外保温	无空腔	系指夹心保温系统，保温层处于结构构件内部，保温层与两侧的墙体和结构受力体系之间无空隙或空腔，共同作为建筑外墙使用，故该类保温体系的墙体兼有墙体保温和建筑外墙体的功能	6.7.3
		类似薄抹灰的外保温系统，即保温材料与基层墙体及保护层、装饰层之间均无空腔（不包括采用粘贴方式施工时，在保温材料与墙体找平层之间形成的空隙）	6.7.5
	有空腔	类似建筑幕墙与建筑基层墙体间存在空腔的保温系统	6.7.6

（3）电气线路不应穿越或敷设在燃烧性能为 B$_1$、B$_2$ 级的保温材料中；否则应采取穿金属管，并在其周围采用不燃隔热材料进行防火隔离等保护措施。设置开关、插座等电器配件的部位周围也应采取相同的保护措施（《建规》第 6.7.11 条）。

（4）建筑外墙的装饰层应采用燃烧性能为 A 级的材料，但建筑高度 ≤ 50m 时，可采用 B$_1$ 级材料（《建规》第 6.7.12 条）。

8.4.2 对外墙外保温系统有何防火规定？

答： 解析汇总如表 8.4.2-1 和表 8.4.2-2 所示。

外墙外保温系统的防火规定（无空腔）　　　　表 8.4.2-1

项目			条文规定摘要		《建规》条文号
保温材料的燃烧性能			设置人员密集场所的建筑	A 级	6.7.4
	住宅建筑		高度 >100m	A 级	6.7.5-1
			高度 ≤ 100m 但 >27m	≥ B₁ 级	
			高度 ≤ 27m	≥ B₂ 级	
	其他建筑		高度 >50m	A 级	6.7.5-2
			高度 ≤ 50m 但 >24m	≥ B₁ 级	
			高度 ≤ 24m	≥ B₂ 级	
构造措施			外墙采用保温材料与两侧墙体构成无空腔复合保温结构体时，该结构体的耐火极限应符合本规范的有关规定		6.7.3
	采用 B₁ 级和 B₂ 级保温材料时	第 6.7.3 条规定的情况除外	保温材料两侧的墙体应采用不燃材料，且厚度均 ≥ 50mm		6.7.3
			建筑外墙上门窗的耐火完整性应 ≥ 0.5h（采用 B₁ 级保温材料且高度 ≤ 24m 的公共建筑和高度 ≤ 27m 的住宅除外）		6.7.7-1
			保温系统每层应设置水平防火隔离带，并应采用燃烧性能为 A 级的材料，其高度应 ≥ 300mm		6.7.7-2
			保温系统应采用不燃材料在其表面设置防护层，且应将保温材料完全包覆。防护层厚度在建筑首层应 ≥ 15mm，其他层应 ≥ 5mm		6.7.8

注：尚应符合本书 8.4.1 的规定和参见《建规图示》的相关图解。

外墙外保温系统的防火规定（有空腔）　　　　表 8.4.2-2

项目		条文规定摘要		《建规》条文号
保温材料的燃烧性能		设置人员密集场所的建筑	A 级	6.7.4
		高度 >24m 的建筑	A 级	6.7.6-1
		高度 ≤ 24m 的建筑	≥ B₁ 级	6.7.6-2
构造措施	采用 B₁ 级和 B₂ 级保温材料时	建筑外墙上门窗的耐火完整性应 ≥ 0.5h（采用 B₁ 级保温材料且高度 ≤ 24m 的公共建筑和高度 ≤ 27m 的住宅除外）		6.7.7-1
		保温系统每层应设置水平防火隔离带，并应采用燃烧性能为 A 级的材料，其高度应 ≥ 300mm		6.7.7-2
		应采用不燃材料在保温材料的表面设置防护层，并将其完全包覆		6.7.8
	采用 A 级保温材料时	保温系统与基层墙体、装饰层之间的空腔，应在每层楼板处采用防火封堵材料封堵		6.7.9

注：尚应符合本书 8.4.1 的规定和参见《建规图示》的相关图解。

8.4.3 对外墙内保温系统有何防火规定？

答：解析如表 8.4.3 所列。

外墙内保温系统的防火规定（《建规》第 6.7.2 条） 表 8.4.3

项 目	内保温系统	
保温材料的燃烧性能	人员密集场所，用火、燃油、燃气等具有火灾危险性的场所，以及各类建筑内的疏散楼梯间、避难走道、避难间、避难层等部位	A 级
	其他场所	≥ B₁ 级（低毒、低烟）
构造措施	保温系统应采用不燃材料做保护层。采用 B₁ 级的保温材料时，防护层厚度应 ≥ 10mm	

注：参见《建规图示》的相关图解。

8.4.4 对屋面外保温系统有何防火规定？

答：详见《建规》第 6.7.10 条，如下表所列。

屋面外保温系统的防火规定 表 8.4.4

屋面板的耐火等级	保温材料的级别	采用 B₁、B₂ 级保温材料时的构造措施
≥ 1.0h	≥ B₂	应采用不燃材料作防护层，其厚度应 ≥ 10mm；当外墙外保温系统也采用 B₁、B₂ 级保温材料时，屋面与外墙之间应设置宽度 ≥ 500mm 不燃材料的防火隔离带
<1.0h	≥ B₁	

注：参见《建规图示》的相关图解。

8.4.5 局部设置人员密集场所的公共建筑，其外墙的外保温材料全部均应为 A 级吗？

答：是的。

（1）《建规》第 6.7.4 条规定："设置人员密集场所的建筑，其外墙外保温材料的燃烧性能应为 A 级"。其"设置人员密集场所的建筑"系指整个建筑，不能理解为"建筑内设置人员密集场所的部位"。

（2）《建规》第 6.7.5 条条文说明进一步阐明："对于除人员密集场所外的非住宅类建筑或场所，根据其建筑高度，对外墙外保温系统材料的燃烧性能等级做出了更严格的限制和要求"。其中的"非住宅类建筑"系指：无人员密集场所的公共建筑和非住宅类的居住建筑（如集体宿舍和公寓等）。

第9章 消防救援

9.1 消防车道和救援场地（室外救援）

9.1.1 消防车道的转弯半径如何确定？

答：《建规》无明确规定。

（1）《建规》第7.1.8-2条规定：消防车道的"转弯半径应满足消防车转弯的要求"，但未给出转弯半径的具体数据。

（2）《建规图示》7.1.8给出消防车道转弯半径的参考值：普通消防车为9m、登高车为12m、特种车为16~20m。

9.1.2 消防车登高操作场地的有效计算长度，应在高层建筑主体的对应范围内吗？

答：是的。

（1）《建规》第7.2.1条规定："高层建筑应至少有一个长边或周边长度的1/4且不小于一个长边长度的底边连续布置消防车登高操作场地，该范围内的裙房进深应≤4m"。同时还规定："建筑高度≤50m的建筑，连续布置消防车登高操作场地确有困难时，可间隔布置，但间隔距离宜≤30m，且消防登高操作场地的总长度仍应符合上述规定"。

（2）提示以下几点：

①规定中的"高层建筑应至少有一个长边或周边长度的1/4且不少于一个长边长度"，均系指高层建筑的主体部分。

因此，消防车登高操作场地的有效计算长度，应在高层建筑主体的对应范围内，且不含裙房进深 >4m 的对应范围。详见《建规图示》7.2.1 图示 1 和 2 及其注释。

②该条规定中的"建筑高度≤50m的建筑"，仍系指≤50m的高层建筑。因《建规》第7.1.8条条文说明指出："除高层建筑需要设置灭火救援操作场地外，一般建筑均可直接利用消防车道展开灭火救援行动"。否则，高层建筑的消防车登高操作场地则不应仅限于高层建筑主体的对应范围内。

③该条仅规定："该范围内的裙房进深应≤4m"，对其高度无限定（当然应≤24m）。

④在"建筑物与消防车登高操作场地相对应的范围内，应设置直通室外的楼梯或直通楼梯间的入口"（《建规》第7.2.3条），以及在公共建筑每层的外墙上，设置"供消防救援人员进入的窗口"（详见《建规》第7.2.4和第7.2.5条）。

（3）关于消防车登高操作场地的净空要求、平面尺寸、场地坡度、承压能力与建筑外墙的距离等规定，详见《建规》第7.2.2条。

9.1.3　消防车道边缘与建筑外墙的最小距离如何确定？

答：不宜小于5m。

（1）《建规》第7.1.8-4条规定："消防车道靠建筑外墙一侧边缘距离建筑外墙宜≥5m"。且无高层与多层建筑之分。

（2）该距离确需减少时，应征求消防审批部门的意见。鉴于消防车道多兼有其他交通功能，故尚应满足《通则》第5.2.3条和《城住规》第8.0.5条关于组团路（宽3~5m）的相应规定：距面向道路无出入口的外墙应≥2m；距面向道路有出入口的外墙应≥2.5m。

9.1.4　高层主体外侧为进深≤4m的通长裙房时，消防车登高操作场地边缘距相邻建筑外墙的限值应如何计算？

答：距高层主体外墙应≤10m，同时距裙房外墙宜≥5m。

（1）《建规》第7.2.1条条文说明指出："对于高层建筑，特别是布置有裙房的高层建筑，要认真考虑合理布置，确保登高消防车能够靠近高层建筑主体，以便登高消防车开展灭火救援"。

为此，《建规》第7.2.1条规定，在消防车登高操作场地对应的范围内，高层建筑裙房的进深应≤4m。也即，当高层建筑裙房的进深>4m时，在该裙房对应的范围内，则不得布置消防车登高操作场地。

同理，《建规》第7.2.2-4条规定，消防车登高操作场地靠建筑一侧的边缘距离建筑外墙宜≥5m且应≤10m。当高层建筑无裙房时，规定中的"建筑外墙"无疑即为高层主体的外墙。当有≤4m进深的裙房时，该场地边缘至高层主体外墙的距离仍应≤10m，同时该边缘至裙房外墙的距离也宜≥5m。否则均无法确保登高消防车靠近高层建筑主体。

据此，仅以裙房进深为1m倍数时，举例如表9.1.4所示。

消防车登高操作场地边缘与建筑外墙的距离　　　　　　　　　　　表9.1.4

部　　　位	裙房进深≤4m且为1m的倍数（m）				
	4	3	2	1	无裙房
场地边缘至裙房外墙的最大距离（≥5m且≤10m）	6	7	8	9	—
场地边缘至高层主体外墙的最大距离（≥5m且≤10m）	10	10	10	10	10

（2）《建规图示》7.2.2 左侧的图示，虽然在消防车登高操作场地对应的范围内，仅局部设有 ≤ 4m 进深的裙房，但相关要求与上述结论并无不同。

9.1.5　消防车登高操作场地边缘与相邻建筑外墙的限值，如何考虑外墙上雨篷、挑檐等突出物的影响？

答：《建规》无明确规定。

（1）《建规》第 7.2.2-1 和 4 条规定："消防车登高操作场地与厂房、仓库、民用建筑之间不应设置妨碍消防车操作的树木、架空管线等障碍物和汽车库出入口"，以及"场地靠建筑一侧的边缘距建筑外墙不宜 <5m 且不应 >10m。但二者均未涉及如何对待建筑外墙上挑出的雨篷、挑檐等突出物"。

（2）《建规图示》7.2.2 右侧的图示则明确标示：消防车登高操作场地边缘至雨篷、挑檐等突出物的外缘也宜 ≥ 5m 且 ≤ 10m。显然是将此类突出物参照执行裙房的相关规定。若确实如此，则尚有以下几点需要明确：

①此类突出物距地面的高度是否也应 ≤ 24m？对其长度有无限制？

②此类突出物当从高层建筑主体外墙挑出时，其挑出的宽度是否也应 ≤ 4m？

③此类突出物当从进深 ≤ 4m 的裙房外墙挑出时，其外缘至主体外墙的总宽度应如何控制？如该总宽度 >4m 时，相应的长度范围内，是否也不得布置消防车登高操作场地？

（3）鉴于《建规》对上述种种均无明确规定，故建议在设计时应事先征得消防审批部门的意见。

9.1.6　住宅建筑也应设置可供消防救援人员进入的窗口吗？

答：可以不设置。

（1）《建规》第 7.2.4 条规定，对于民用建筑仅"公共建筑的外墙应在每层适当位置设置可供消防救援人员进入的窗口"，住宅建筑不在其内。因为公共建筑大面积的幕墙或实体墙，以及大量规律或无规律的窗口，均难以从外观上判定供消防救援人员进入窗口的最佳位置。而住宅建筑因每户面积有限、范围明确，且多为标准楼层，故救援窗口较易判定。

（2）但《建规》第 5.5.32 条规定，建筑高度 >54m 的住宅建筑，每户应有一间避难房，以利等待救援。故此房的外窗宜加标示。应注意的是，当该避难房间为厨房或卫生间时，其外窗的设置应同时满足《建规》第 7.2.5 条关于救援窗口的设计要求，否则应另选其他房间。

9.2　消防电梯（室内救援）

9.2.1　地上层的消防电梯均应通至地下层吗？

答：是的。

（1）《建规》第 7.3.1-3 条明确规定："设置消防电梯的建筑的地下或半地下室，埋深 >10m 且总面积 >3000m² 的其他地下、半地下建筑（室）"应设置消防电梯。《建规》第 7.3.2 条还规定："消防电梯应分别设置在不同的防火分区内，且每个防火分区不应少于 1 台"。

（2）但《技术措施》第 9.5.4-8 条规定："消防电梯不下到地下层"。已不符合现行《建规》的规定。

9.2.2　消防电梯和普通电梯的机房均应设置甲级防火门吗？

答：消防和普通电梯机房应分别设置甲级和乙级防火门。

（1）《建规》第 7.3.6 条仅规定："消防电梯井、机房与相邻电梯井、机房之间，应采用耐火极限 ≥ 2.0h 的防火隔墙，隔墙上的门应采用甲级防火门"。但未规定机房开向其他部位的门如何设置。

（2）《技术措施》第 9.5.7 条规定："电梯机房门应为乙级防火门（直接开向室外者除外）"。

《技术措施》第 9.5.4-4 条规定："消防电梯机房的门应为甲级防火门"。但未明确直接开向室外者是否除外。

（3）应提示的是：电梯机房不得直接向封闭楼梯间或防烟楼梯间的前室开门。为此，可采取如下措施：

①设置走道或过厅；

②前室改为开敞的过厅，即可视为室外；

③电梯机房、封闭楼梯间或防烟楼梯间的前室各自分别向室外开门，通过屋面联系。

9.2.3　消防电梯的台数如何确定？

答：每个防火分区应 ≥ 1 台。

（1）《建规》第 7.3.1 和 7.3.2 条规定："建筑高度 >33m 的住宅建筑；一类和建筑高度 >32m 的二类高层公共建筑；设置消防电梯建筑的地下或半地下室，埋深 >10m 且总建筑面积

>3000m² 的其他地下或半地下建筑（室）"应设置消防电梯。"消防电梯应分别设置在不同的防火分区内，且每个防火分区应 ≥ 1 台"。

（2）据此，可明确以下几点：

①对于有多个防火分区的楼层，不能仅根据最大层的建筑面积计算台数和集中设置，必须按每个防火分区 ≥ 1 台进行布置，故必然增加平面设计的难度。

②明确了当建筑的地上部分设有消防电梯时，消防电梯均应通至地下部分。

③对于埋深 >10m 且总建筑面积 >3000m² 的地下或半地下建筑（室），均应设置消防电梯。此项规定对于在主体之外又扩大的一般地下室，由于其防火分区允许的最大建筑面积仅为 500m²（有自动灭火系统时为 1000m²），故增设的消防电梯可能较多。而对于设置自动灭火系统的地下汽车库，以及营业厅、展览厅和设备用房，由于允许的防火分区最大面积可分别达 4000m² 和 2000m²，故增设的消防电梯则相对较少。

第 10 章　专项汇要

10.1　地下、半地下汽车库

10.1.1　地下与半地下汽车库的防火设计规定有何不同？

答：仅防火分区的最大允许建筑面积有所区别。

（1）根据《汽车库防火规范》第 5.1.1 和 5.1.2 条的规定，地下和半地下汽车库防火分区的最大允许建筑面积分别为 2000m² 和 2500m²，设有自动灭火系统时可分别增至 4000m² 和 5000m²。

（2）其他相关的防火设计规定，如分类和耐火等级、总平面布局和平面布置、防火分隔和建筑构造以及安全疏散和救援措施等均无不同。

10.1.2　地下汽车库防火分区之间防火墙上的甲级防火门，可以作为人员疏散的第二安全出口吗？

答：不可以。

（1）《汽车库防火规范》第 6.0.2 条条文说明明确指出："鉴于汽车库的防火分区面积、疏散距离等指标，均比《建规》的相应指标放大，故对于汽车库来讲，防火墙上通向相邻防火分区的甲级防火门，不得作为第二安全出口"。

此处所述的"相邻防火分区"应属于同一汽车库，如属于"住宅建筑的地下层"，根据该规范第 6.0.7 条的规定，其分区之间的甲级防火门，实际允许作为该汽车库防火分区的第二安全出口。至于"相邻防火分区"属于"公共建筑或设备用房的地下层"是否允许，则未见规范明确规定（详见本书 10.1.3）。

（2）有人根据《建规》第 5.5.9 条的规定，在地下汽车库相邻的防火分区内（均 >2000m²），已各设 2 部人员疏散楼梯间，且满足疏散宽度，但仍以防火墙上通向相邻防火区的甲级防火门作为第三安全出口，以便解决至楼梯间疏散距离超限的问题。此作法有违《汽车库防火规范》第 6.0.2 条条文说明的解释，也不符合《建规》第 5.5.9 条仅限于公共建筑的规定，尚待商榷。

（3）曾见有地下汽车库在相邻防火分区的防火墙处设一部楼梯间，但分别向两个防火分区开设甲级防火门的实例，其目的在于减少人员疏散楼梯间的数量，但无规范依据，应以消防审批部门的意见为准。

当然，如在该处设一部剪刀楼梯间，分别向相邻的两个防火分区开设甲级防火门，则应无问题。

10.1.3　地下和半地下汽车库的人员疏散如何借用相邻住宅地下室的疏散楼梯？

答：应执行《汽车库防火规范》的相关规定。

（1）根据《汽车库防火规范》第 6.0.7 条的规定："与住宅地下室相连通的地下汽车库、半地下汽车库，人员疏散可借用住宅部分的疏散楼梯；当不能直接进入住宅部分的疏散楼梯时，应在汽车库与住宅部分疏散楼梯之间设置连通走道，走道应采用防火隔墙分隔，汽车库开向该走道的门均应采用甲级防火门"。该条的条文说明更明确指出："该走道的设置类似楼梯间的扩大前室，同时，考虑到汽车库与住宅地下室之间分别属于不同的防火分区，所以，连通门采用甲级防火门"。

综上可知，当汽车库的人员疏散借用住宅地下室的疏散楼梯时，应采用如下措施：

①宜直接进入住宅地下室的疏散楼梯间；

②否则应在汽车库与住宅地下室疏散楼梯之间设置连通走道，该走道两侧的墙应为防火隔墙，其上的门应为甲级防火门；

③汽车库与该走廊的连通口应设甲级防火门，并可作为计算疏散距离的起始点，因该走道类似于住宅楼梯间的扩大前室（见该条条文说明）。

（2）上述规定与原《技术措施》第 3.4.22 条的要求有异，应以《汽车库防火规范》为准。

（3）至于地下（含半地下）汽车库一个防火分区的两个人员疏散口，是否均可借用住宅地下室的疏散楼梯？未见明确规定。通常均至少应设一个专供汽车库人员疏散的安全出口。

（4）此外，地下汽车库的第二人员疏散口，可否借用公共建筑或设备用房地下层的疏散楼梯？也未见相关规定，设计时应以消防审批部门的意见为准。

10.1.4　汽车库人员疏散的最大距离也应为"直线距离"吗？

答：未见相关规范的明确规定。

（1）《汽车库防火规范》第 6.0.6 条仅规定："汽车库室内任一点至最近安全出口的距离应 ≤ 45m，当设有自动灭火系统时，其距离应 ≤ 60m"。但未阐明该距离是否为可穿越停车带的"直线距离"。

（2）由于车辆间的空隙可供人员通过，故有人参照厅堂内控制疏散距离的规定（见本书

6.1.12），认为可不考虑停车带的布置，应为最远点至楼梯间的"直线距离"。

但也有人认为，不可穿越停车带，应按经过通道曲折疏散的总长度控制。此算法虽万无一失，但有时对平面布置影响较大，宜征求消防审批部门的意见。

10.1.5　如何确定地下、半地下汽车库汽车疏散出口的数量和宽度？

答：根据停车数量和建筑面积确定。

（1）根据《汽车库防火规范》第 6.0.10 条的规定：停车数量 ≤ 100 辆，且建筑面积 <4000m^2 的地下或半地下汽车库，可设置一个双车道的汽车疏散出口。否则根据该规范第 6.0.9 条，应设置两个汽车疏散出口（单或双车道均可）。

（2）但该规范第 6.0.10 条的条文说明又允许："对于地下多层汽车库，在计算每层设置汽车疏散出口数量时，应尽量按总数量予以考虑，即总数在 100 辆以上的应 ≥ 2 个，总数 ≤ 100 辆的可为一个双车道出口。但在确有困难，车道上设有自动喷水灭火系统时，可按本层地下汽车库所担负的车辆疏散数量是否 >50 辆或 100 辆，来确定汽车出口数。例如 3 层汽车库，地下一层为 54 辆，地下二层为 38 辆，地下三层为 34 辆，在设置汽车出口有困难时，地下三层至地下二层因汽车疏散数 <50 辆，可设一个单车道的出口；地下二层至地下一层，因汽车疏散数为 38+34=72 辆，>50 辆但 <100 辆，可设一个双车道的出口；地下一层至室外，因汽车疏散数为 54+38+34=126 辆，>100 辆，应设两个汽车疏散出口"。

至于参照此条文说明，当地下或半地下汽车库 ≤ 50 辆，且建筑面积 ≤ 2000m^2 时，可否仅设置一个单车道汽车疏散出口，应以消防审批部门的意见为准。

（3）该规范第 6.0.11 条又规定："停车数量 >100 辆的地下或半地下汽车库，当采用错层或斜楼板式，坡道为双车道且设置自动喷水灭火系统时，其地下一层至室外的汽车疏散出口应 ≥ 2 个，汽车库内其他楼层的汽车疏散出口可设置 1 个"。

（4）汽车库出入口的数量，不仅取决于汽车疏散的要求，还应满足平时使用和管理的要求。例如《车库建筑设计规范》第 3.2.4 条和《技术措施》第 3.4.3 条均规定，当停车数 >500 辆时，其出入口应 ≥ 3 个，其宽度应为双车道。

同理，对于 ≤ 50 辆的地下、半地下汽车库，设置一个双车道出入口，显然有利于平时车辆同时进出。

10.1.6　汽车疏散坡道为曲线时，其单行和双行车道的最小宽度仍应分别为 3.0m 和 5.5m 吗？

答：应分别 ≥ 3.8m 和 ≥ 7.0m。

（1）《汽车库防火规范》第 6.0.13 条规定："汽车疏散坡道的净宽度，单车道不应小于 3.0m，双车道不应小于 5.5m”，且未分直线和曲线坡道。但其条文说明称："本条的规定与现行行业标准《车库建筑设计规范》JGJ100—2015 中单车道和双车道的最小值一致"。而该规范第 4.2.10 条规定坡道最小宽度如下：

①直线单行为 3.0m、直线双行为 5.5m；

②曲线单行为 3.8m、曲线双行为 7.0m。

也即，直线和曲线坡道的最小宽度并不相同，应分别取值。原《汽车库防火规范》规定的坡道最小宽度：单行为 4m、双行为 7m，且不分直线与曲线，但因系二者的最大值，故无问题。而修改后的该规范显然忽略了此点！

（2）规定的最小宽度不包括道牙和其他分隔带。

10.1.7　地下汽车库防火分区内可否划入非汽车库用房？

答：某些限定的用房可少量划入，但现行国家标准中尚无明确规定。

（1）地下汽车库除停车区外，还包括为其服务的通风机房、管理室、库房等辅助用房，其面积自然应计入汽车库的防火分区内。但根据《车库建筑设计规范》第 4.1.16 条条文说明，其面积宜控制在汽车库总面积的 10% 以下。

（2）下列建筑和设施不得与地下汽车库组合，如喷漆间、充电间、乙炔间和甲、乙类物品贮存室，以及修车位、汽油罐和加油机、液化石油气或天然气储罐、加气机等（《汽车库防火规范》第 4.1.8 和第 4.1.9 条）。

（3）要求应有直通室外或安全出口的设备用房不得划入汽车库防火分区内，如锅炉房、变配电间、消防泵房等（《建规》第 5.4.12 和第 8.1.6 条）。

（4）其他少量非地下汽车库用房（如普通水泵房、柴油发电机房、中水处理站、制冷机房、热交换站、燃气表室，以及丙、丁、戊类库房等）可划入汽车库防火分区内，但未见国家规范明文认可和限定其面积或所占比例。

可供参考的是《西安市汽车库、停车场设计防火规范》第 5.1.3 条："汽车库内的设备用房应单独设置防火分区"。当符合下列条件时，可将设备用房计入汽车库的防火分区面积，按汽车库的防火分区面积要求进行划分：

①设备用房均应设自动灭火系统；

②汽车库每个防火分区内设备用房的总面积不应超过 1000m²，其中集中布置的设备用房建筑面积不应超过 500m²，且设在汽车库内的设备用房建筑面积占该防火分区的面积比例不应超过 1/3。

（5）上述非汽车库设备用房虽然划入汽车库防火分区内，但仍应用防火墙及 ≥ 2.0h 的不燃性楼板与停车区分隔（《汽车库防火规范》第 5.1.6 条），其防火墙上的门也应为甲级防火门（《建规》第 5.4.12 条）。

10.1.8 地下、半地下汽车库何时应设置自动灭火系统？

答：停车数 >10 辆时均应设置。

（1）《汽车库防火规范》第 7.2.1–2 条规定：“停车数 >10 辆的地下、半地下汽车库”应设置自动灭火系统。

其中：停车数 >300 辆、建筑面积 >10000m² 的 I 类汽车库宜采用泡沫 – 水喷淋系统，其他应采用自动喷水灭火系统，或采用高倍数泡沫灭火系统（《汽车库防火规范》第 7.2.2~7.2.4 条）。

（2）设置自动灭火系统后，根据《汽车库防火规范》第 5.1.2 和 6.0.6 条的规定：

① 地下和半地下汽车库每个防火分区的最大建筑面积，分别由 ≤ 2000m² 和 2500m² 倍增至 ≤ 4000m² 和 5000m²。

② 汽车库内任一点至安全出口的人员疏散最大距离由 ≤ 45m 增至 ≤ 60m。

10.1.9 汽车库的楼地面必须做排水明沟吗？

答：宜做地漏或集水坑。

（1）因为排水明沟内难免积油，火灾时会加速火势的蔓延。该做法源于《车库建筑设计规范》第 4.1.19 条的要求：“汽车库的楼地面……应设不小于 1% 的排水坡度和相应的排水系统”。

（2）目前多按《技术措施》第 3.4.14 条的规定：“在各楼层设置地漏，在最下层车库设集水坑（或地漏）和相应的排水系统，地漏（或集水坑）的中距不宜大于 40m，在地漏（或集水坑）周边 1.0m 的范围内找坡，坡度为 1%~2%，以满足必要时的清扫和排水”。该做法使车库楼地面不必全部找坡，便于施工，安全实用。

10.1.10 能在地下汽车库顶板下粘贴 XPS 或 EPS 板作保温层吗？

答：不行。

（1）《建装规》表 3.4.1 规定：地下停车库顶棚、墙面、地面装修材料的燃烧性等级均应为 A 级。

（2）但无论是挤塑或模塑聚苯乙烯泡沫塑料板（XPS 或 EPS）均达不到 A 级，故不能粘贴在地下汽车库的顶板下作保温层。

10.2　商店

10.2.1　商店防火设计有哪些一般性规定？

答：汇总如表 10.2.1 所列。

商店防火设计一般性规定汇要 表 10.2.1

项目	规范条文内容提要	条文号
平面布置	商店的易燃、易爆商品库房宜独立设置。存放少量易燃、易爆商品的库房与其他库房合建时，应靠外墙布置，并应采用防火墙和耐火极限 ≥ 1.5h 的不燃性楼板隔开	《商设规》5.1.2
	经营、存放和使用甲、乙类火灾危险性物品的商店、作坊和储藏间，严禁附设在民用建筑内	《建规》5.4.2
防火分隔	除为综合建筑配套服务且建筑面积 <1000m² 的商店外，综合性建筑的商店部分应采用耐火极限 ≥ 2.0h 的隔墙和 ≥ 1.5h 的不燃性楼板与建筑的其他部分隔开	《商设规》5.1.4
	商店部分的安全出口应与建筑其他部分隔开	
	客、货电梯宜设置电梯候梯厅，不宜直接设置在营业厅内	《商设规》5.2.3
	空气处理室与营业厅之间应为防火隔音墙，不宜直接开门相通	《商设规》4.1.6
安全疏散	一、二级耐火等级建筑内疏散门或安全出口不少于 2 个的营业厅，其室内任一点至疏散门或安全出口的直线距离应 ≤ 30m；当疏散门不能直通室外地面或疏散楼梯时，应采用长度 ≤ 10m 的疏散走道通至最近的安全出口	《建规》表 5.5.17-4
	当设置自动喷水灭火系统时，其安全疏散距离可增加 25%	
	营业厅的疏散门应为平开门，且向疏散方向开启，其净宽应 ≥ 1.4m，并不宜设置门槛	《建规》5.5.14
	营业区的公用楼梯和室外楼梯的净宽度应 ≥ 1.4m；专用疏散楼梯的净宽度应 ≥ 1.2m	《商设规》7.2.3
消防电梯的设置	建筑高度 >24m 以上部分任一楼层建筑面积 >1000m² 的高层商店（属一类高层民用建筑）	《建规》表 5.1.1 和 7.3.1-2
	建筑高度 >32m，但 24m 以上部分任一楼层建筑面积 ≤ 1000m² 的高层商店（属二类高层民用建筑）	
	高层商店的地上部分设有消防电梯时，均应通至其地下层	《建规》7.3.1-3
	商店的地下或半地下室埋深 >10m 且总建筑面积 >3000m² 时	
	消防电梯应分别设置在不同的防火分区内，且每个防火分区应 ≥ 1 台	《建规》7.3.2
消防车道和救援场地的设置	高层商店和占地面积 >3000m² 的单、多层商店应设环形消防车道。确有困难时，可沿建筑的两个长边设置消防车道	《建规》7.1.2
	高层商店位于山坡地或沿河道临空建造时，可沿建筑的一个长边设置消防车道，但该长边所在建筑立面应为消防车登高操作面	
	对消防车道设置的其他规定详见《建规》第 7.1.8 和 7.1.9 条	—
	高层商店救援场地和入口的设置规定详见《建规》第 7.2 节	
自动灭火系统的设置	高层商店及其地下、半地下室	《建规》8.3.3-1 和 8.3.3-2
	任一层建筑面积 >1500m² 或总建筑面积 >3000m² 的单、多层商店	《建规》8.3.4-2
	总建筑面积 >500m² 的地下、半地下商店	《建规》8.3.4-6
	除另有规定和不宜用水保护和灭火的场所外，宜采用自动喷水灭火系统	《建规》8.3.3 和 8.3.4

10.2.2　商店地上层防火设计有哪些规定？

答：汇总如表 10.2.2 和表 10.2.1 所列。

商店地上层防火设计规定汇要　　　　　　　　　　　　　　　表 10.2.2

项目	规范条文内容摘要	条文号
防火分区的划分	采用三级耐火等级的建筑时，应 ≤ 2 层；设置在三级耐火等级的建筑内时，应布置在 ≤ 2 层的楼层内。每个防火分区面积应 ≤ 1200m²，有自动灭火系统时应 ≤ 2400m²	《建规》5.4.3 和表 5.3.1
	采用四级耐火等级的建筑时，应为单层。设置在四级耐火等级的建筑内时，应布置在首层。每个防火分区的面积应 ≤ 600m²，有自动灭火系统时应 ≤ 1200m²	
	一、二级耐火等级的高度 ≤ 24m 的多层商店，以及高层建筑与裙房内的商店之间设有防火墙等防火分隔时，每个防火分区的面积应 ≤ 2500m²，设有自动喷水灭火系统时应 ≤ 5000m²	《建规》表 5.1.1 和表 5.3.1
	高层建筑内的商业营业厅，设有自动报警和灭火系统，且采用不燃或难燃材料装修时，地上部分的防火分区面积应 ≤ 4000m²	《建规》5.3.4
	营业厅符合下列条件时，每个防火分区的面积应 ≤ 10000m²：① 位于一、二级耐火等级的单层或多层建筑的底层；② 设有自动报警和喷水灭火系统；③ 采用不燃或难燃材料装修	
楼梯间的设置	多层（含与高层主体间设有防火墙的裙房）商店应设封闭楼梯间（与敞开外廊直接相通的楼梯间除外）	《建规》5.5.12 和 5.5.13
	高度 ≤ 32m 的二类高层商店应设封闭楼梯间；高度 >32m 或 24m 以上部分任一楼层建筑面积 >1000m² 的商店应设防烟楼梯间	《建规》5.5.12 和表 5.1.1
楼梯间出屋面	大型营业厅设置在 ≥ 5 层时，直通屋面平台的疏散楼梯间应 ≥ 2 座。屋面平台上无障碍物的避难面积宜 ≥ 最大营业层面积的 1/2	《商设规》5.2.5
疏散宽度	每层疏散人数 = 该层营业厅的建筑面积（m²）× 该层人员密度（人 /m²），详见本书 6.3.3	《建规》5.5.21-7 和表 5.5.21-2
	每层疏散宽度 = 该层疏散人数（人）× 百人疏散宽度系数（m/100 人）	《建规》表 5.5.21-1

10.2.3　商店地下层防火设计有哪些规定？

答：汇总如表 10.2.3 和表 10.2.1 所列。

商店地下层防火设计规定汇要　　　　　　　　　　　　　　　表 10.2.3

项目	规范条文内容摘要	条文号
耐火等级	耐火等级应为一级	《建规》5.1.3
层位	营业厅不应设在地下三层及以下	《建规》5.4.3
商品限制	不应经营、储存和展示甲、乙类火灾危险性物品	《建规》5.4.3
防火分区面积	设有自动报警和灭火系统并采用不燃或难燃装修材料时，其营业厅每个防火分区的面积应 ≤ 2000m²	《建规》5.3.4-3

续表

项目	规范条文内容摘要	条文号
防火分隔	当总面积 >20000m² 时，应采用无门、窗、洞口的防火墙、耐火极限 ≥ 2.0h 的楼板分隔为多个建筑面积 ≤ 20000m² 的区域 上述相邻区域确需局部连通时，应选择下列措施： ①下沉广场等室外开敞空间 ②防火隔间 ③避难走道 ④防烟楼梯间	《建规》5.3.5
楼梯间的设置	室内地面与室外出入口地坪高差 >10m 或 ≥地下 3 层时，应采用防烟楼梯间 ≤ 10m 或 ≤地下 2 层时应采用封闭楼梯间	《建规》6.4.4–1
疏散宽度	每层人员密度（人 /m²）：地下二层为 0.56、地下一层为 0.60	《建规》表 5.5.21–2
	每层疏散宽度（m）= 该层营业厅的建筑面积（m）× 该层人员密度（人 /m²）× 1.0m/100 人（详见本书 10.2.4 和 10.2.5）	《建规》5.5.21–2

10.2.4　计算商店疏散人数时，其营业厅的建筑面积和人员密度如何取值？

答：详见《建规》第 5.5.21 条及其条文说明。

（1）《建规》第 5.5.21 条的条文说明和《建规图示》5.5.21 图示 5 均规定："营业厅的建筑面积包括展示货架、柜台、走道等顾客参与购物的场所，以及营业厅内的卫生间、楼梯间、自动扶梯等建筑面积"。对于采用防火措施分隔且疏散时顾客无需进入营业厅内的仓储、设备房、工具间、办公室等可不计入。

（2）商店营业厅内的人员密度（人 /m²）见《建规》表 5.5.21–2。但对于建材商店、家具和灯饰展示建筑可按该表限定值的 30% 确定。《建规图示》5.5.21 图示 5 注释：当营业厅建筑面积 <3000m² 时宜取人员密度的上限值，反之可取下限值。当部分区域经营家具和建材时，该营业厅的人员密度仍应按其主要商业用途确定，不得折减。

10.2.5　商场地下层的楼（地）面与室外出入口地坪的高差 ≤ 10m 时，其百人疏散净宽度指标应取 0.75m/100 人，还是 1.00m/100 人？

答：应为 1.00m/100 人。

（1）《建规》第 5.5.21 条规定："除剧场、电影院、礼堂、体育馆外的其他公共建筑"，"每层的房间疏散门、安全出口、疏散走道和疏散楼梯的各自总净宽度，应根据疏散人数按每 100 人的最小疏散净宽度不小于表 5.5.21–1 的规定计算确定"。其中的"其他公共建筑"似应包括商场在内。按该表的规定，则商场地下层楼（地）面与室外出入口地坪高差 ≤ 10m 时，该层的百人疏散净宽指标应为 0.75m/100 人。

（2）但《建规》第 5.5.21-2 条又规定："地下或半地下人员密集的厅、室和歌舞娱乐放映游艺场所，其疏散走道、安全出口、疏散楼梯和房间疏散门的各自总宽度，应按其通过人数每 100 人不小于 1.00m 计算"。根据该条的条文说明和《建规图示》5.5.2 图示 2，商场即属于"人员密集的厅、室"，故应按 1.00m/100 人取值，而非 0.75m/100 人。

据此可知，对于耐火等级一、二级的商场，其百人疏散净宽指标可简化为：

地上一、二层为 0.65m/100 人；

地上三层为 0.75m/100 人；

≥ 4 层的地上层和地下各层均为 1.00m/100 人。

10.2.6 为旅馆等建筑配套服务的商店，也应与该建筑的其他部分设置防火分隔和单独安全出口吗？

答：当其建筑面积 <1000m² 时则可不必。

（1）《商设规》第 5.1.4 条规定，"除为综合建筑配套服务且建筑面积 <1000m² 的商店外，综合建筑的商店部分应采用耐火极限 ≥ 2.0h 的隔墙和耐火极限 ≥ 1.5h 的不燃性楼板与建筑的其他部分隔开；商店部分的安全出口必须与建筑其他部分隔开"。

该条条文说明更明确指出，"多层、高层综合性建筑物的商店部分与建筑其他部分间的防火分隔，主要是指隔墙、楼板及出入口。但旅馆等建筑中配套设置的商店，因功能联系紧密、规模较小、人员密度低，可以不按该条执行"。

（2）《商设规》第 1.0.2 条规定，该规范仅适用于"从事零售业有店铺的商店建筑设计，不适用于建筑面积 <100m² 的单建或附属商店（店铺）的建筑设计"。

该条条文说明更指出，该规范适用于综合建筑的商店部分（如菜市场、书店、药店等），但不包括其他商业服务行业（如修理店等）的建筑。

由此可知，对于建筑面积 <100m² 的商店、修理店等也不必执行《商设规》的规定。

10.2.7 营业性餐厅防火分区建筑面积的限值，可以按照商店营业厅的规定吗？

答：不可以。

（1）根据《建规》第 5.3.4 条条文说明的解释："当营业厅内设置餐饮场所时，防火分区的建筑面积需要按照民用建筑的其他功能的防火分区要求划分，并要与其他商业营业厅进行分隔"。其原因在于厨房易发生火情，餐厅内的火势也易蔓延。

（2）同理，即便是独立的营业性餐厅，其防火分区建筑面积的限值，也不能套用商店营业厅的规定。

10.3　商业服务网点

10.3.1　如何界定"商业服务网点"？

答：必须符合下列条件。

（1）根据《建规》第 2.1.4 条，商业服务网点的定义为："设置在住宅建筑的首层或首层及二层，每个分隔单元建筑面积不大于 300m^2 的商店、邮政所、储蓄所、理发店等小型营业性用房"。

该条文说明更明确"商业服务网点包括百货店、副食店、粮店、邮政所、储蓄所、理发店、洗衣店、药店、洗车店、餐饮店等小型营业用房"。

（2）由此可知：

①仅限于住宅建筑的首层和二层。故位于其他非住宅类居住建筑（如宿舍、公寓）或公共建筑（如商店、旅馆）首层和二层者，可否套用相关规定进行防火设计，应首先取得消防审批部门的同意。

②至于沿街独立建造的二层小型营业性用房（且符合商业服务网点的分隔规定），因其上方无住宅楼层，故不存在住宅与商业部分在火灾时相互殃及的问题，即其火灾的危害性低于商业服务网点，故可按商业服务网点的相关规定进行防火设计。

同理，商业服务网点沿住宅主体两侧或前后向外延伸的部分，也应适用。

③由于商业服务网点仅能位于住宅建筑的首层或首层及二层。故下列层位组合的小型营业用房均不能按商业服务网点进行防火设计。

A. 位于首层及地下一层者；

B. 仅位于二层者；

C. 位于首层及二层，并在地下一层设有相通仓库者；

D. 位于首层（或首层及二层），并在二层（或三层）设有自用住宅或库房且通过楼梯经营业用房进出者；

④由于在商业服务网点的每个单元之间要求分隔，故在该墙上开有防火门相通者也不能按商业服务网点进行防火设计。

10.3.2　商业服务网点的安全疏散如何考虑？

答：应满足下述相关规范条文的规定。

（1）因商业服务网点均"设置在住宅首层或首层及二层"，故根据《建规》第 5.4.11 条的规定："其居住部分与商业服务网点之间应采用耐火极限不低于 2.00h 且无门、窗、洞口的防火隔墙和不低于 1.50h 的不燃性楼板完全分隔，住宅部分和商业服务网点部分的安全出口和疏散楼梯应分别独立设置"。也即商业服务网点应单独设置安全疏散措施。

（2）同条还规定："商业服务网点中每个分隔单元之间应采用耐火极限不低于 2.00h 且无门、窗、洞口的防火隔墙相互分隔，每个分隔单元内的安全疏散距离不应大于本规范表 5.5.17 中有关多层其他建筑位于袋形走道两侧或尽端的疏散门至安全出口的最大距离"。也即商业服务网点位于高层和多层住宅下部时，其室内的最大疏散距离不应分别大于 20m 和 22m（当室内全部设有喷水灭火系统时，可分别增至 25m 和 27.5m）。

当商业服务网点为两层时，则上述安全疏散距离的限值，系指二层最远点至封闭楼梯间的距离。因《建规》第 5.5.13 条规定："下列多层公共建筑的疏散楼梯，除与敞开式外廊直接相连的楼梯外，均应采用封闭楼梯间"。其中的"多层公共建筑"即包括"商店、图书馆、展览建筑、会议中心及类似使用功能的建筑"。而商业服务网点与商店的使用功能类似，似应包括在内。

但由于商业服务网点面积有限、最多为两层、人流较少，故《建规图示》第 5.4.11 条系采用敞开楼梯。此时其安全疏散距离则应为二层最远点经敞开楼梯至首层外门的距离。其中敞开楼梯处应按其水平投影长度的 1.5 倍计算。

应注意的是，当进深约大于 10m 时，敞开楼梯宜设置在外门附近，才能保证二层最远点至首层外门的安全疏散距离。但为加长顾客在店内的购物流线，常将敞开楼梯布置在后部，此时，往往需要在后外墙上增开第二安全出口，才能满足二层最远点至首层外门的疏散距离要求（如图 10.3.2 所示）。

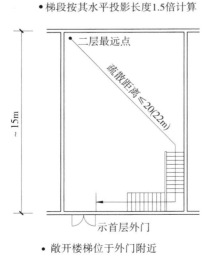 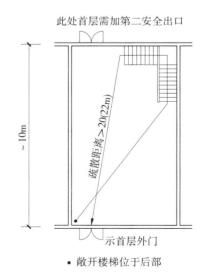

图 10.3.2

（3）同条还规定："当每个分隔单元任一层建筑面积 >200m² 时，该层应设 2 个安全出口或疏散门"。也即：当每个分隔单元的单层或首层建筑面积 >200m² 时，应设 2 个安全出口，二层可通过 1 部楼梯到达首层；当二层建筑面积 >200m² 时，应设置 2 部楼梯，首层应设置 2 个安全出口；或者二层设置 1 部楼梯，并增设 1 个通向公共疏散走道的疏散门且疏散走道可通过公共楼梯到达室外，此时首层可设置 1 个安全出口（详见该条条文说明）。

10.3.3 两层商业服务网点室内楼梯的净宽也应 ≥ 1.4m 吗？

答：《建规》无明确规定，但应 ≥ 1.2m。

（1）《建规》和《建规图示》第 5.4.11 条对此未见规定。

（2）《商设规》第 4.1.6 条虽然明确要求：营业部分的公共楼梯净宽应 ≥ 1.4m，以及专用疏散楼梯净宽应 ≥ 1.2m，但是否适用于商业服务网点尚存争议。

（3）《技术措施》第 8.3.7 条第 1–4 项附注⑤则规定："当确保二层营业用房内不会在同一时间内聚集人数 >50 人时，商业服务网点的室内楼梯净宽可 <1.4m，但应 ≥ 1.1m"。

10.3.4 商业服务网点如何划分防火分区和设置自动灭火系统？

答：《建规》尚无明文规定。

（1）有人认为商业服务网点的每个商铺即为 1 个防火分区，其实与单元式住宅一样，并非每个单元就是 1 个防火分区。因为单元间或商铺间仅为耐火极限 ≥ 2.0h 的防火隔墙，而不是耐火极限 ≥ 3.0h 的防火墙。

据此，商业服务网点的防火分区应按如下原则划分：

①当位于高层住宅的下部时，每个防火分区的建筑面积应 ≤ 1500m²（有自动灭火系统时应 ≤ 3000m²）；

②当位于多层住宅的下部时，每个防火分区的建筑面积应 ≤ 2500m²（有自动灭火系统时应 ≤ 5000m²）；

③对于一层和二层经敞开楼梯连通的商业服务网点，其防火分区的建筑面积应叠加计算。

（2）商业服务网点何时应设置自动灭火系统，《建规》尚未明确规定。建议参照执行《建规》第 8.3.4 条关于商店的相关规定：任一层建筑面积 >1500m² 或总建筑面积 >3000m² 的商店，应设置自动灭火系统，并宜采用自动喷水灭火系统。

在有顶棚的步行街内，每间商铺的建筑面积应 ≤ 300m²，商铺间也为耐火极限 ≤ 2.0h 的防火隔墙。对此，《建规》第 5.3.6–8 条则明确要求应设置自动灭火系统。商业服务网点与其颇为相似，故应参照执行。

10.4 有顶棚的商业步行街

10.4.1 有顶棚的商业步行街有哪些防火设计规定？

答：应执行《建规》第 5.3.6 条的规定，如表 10.4.1 所列。

有顶棚的商业步行街防火设计规定解析（《建规》第 5.3.6 条）   表 10.4.1

项目		规范条文内容摘要
建筑规模	步行街	步行街长度宜 ≤ 300m
		步行街宽度应 ≥ 两侧建筑相应防火间距的要求，且不应 <9m
		步行街顶棚下檐距地面的高度应 ≥ 6m
	商铺	每间商铺的建筑面积宜 ≤ 300m²
建筑耐火等级		建筑耐火等级应不小于二级
平面布置		步行街的端部在各层不宜封闭，确需封闭时，应在外墙上设置可开启的门窗，且开启后门窗的面积不应小于该部位外墙面积的一半
		当步行街两侧的建筑为多层时，每层商铺面向步行街的一侧均应设置防止火灾竖向蔓延的措施，并应符合本规范第 6.2.5 条的规定；设置回廊或挑檐时，其出挑宽度应 ≥ 1.2m；上部各层需设置回廊或天桥时，应保证步行街上部各层开口面积应 ≥ 步行街地面面积的 37%，且开口宜均匀布置
安全疏散	疏散距离	首层商铺的疏散门可直通步行街。步行街内任一点到达室外安全地点的步行距离应 ≤ 60m。步行街楼层商铺疏散门至该层最近疏散楼梯口或安全出口的直线距离应 ≤ 37.5m
	楼梯设置	疏散楼梯应靠外墙设置并直通室外，确有困难时，可在首层直通步行街
围护构件的耐火极限	面向步行街的围护构件	面向步行街一侧的建筑围护构件的耐火极限应 ≥ 1.0h；并宜采用实体墙，其上应采用乙级防火门、窗；当采用防火玻璃（包括门、窗）时，其耐火隔热性和耐火完整性应 ≥ 1.0h；采用耐火完整性 ≥ 1.0h 的非耐火隔热性防火玻璃墙（包括门、窗）时，应设置闭式自动喷水灭火系统进行保护
	商铺间的隔墙	相邻商铺之间应设置耐火极限 ≥ 2.0h 的防火隔墙，隔墙两侧面向步行街的门窗洞口之间应设置 ≥ 1m、耐火极限 ≥ 1.0h 的实体墙
	顶棚	步行街顶棚应采用不燃或难燃材料，其承重构件的耐火极限应 ≥ 1.0h
其他消防措施和要求		商铺内应设自动喷水灭火和报警系统。每层回廊应设自动喷水灭火系统。步行街内宜设自动跟踪定位射流灭火系统
		步行街两侧建筑的商铺内外均应设置疏散照明、灯光疏散标志和消防应急广播系统
		街内沿两侧商铺外每隔 30m 应设置 DN65 的消火栓，并应配备消防软管卷盘或消防龙头
		顶棚应设置自然排烟设施并宜采用常开式排烟口，其有效面积应 ≥ 步行街地面面积的 25%；常闭式自然排烟设施应能在火灾时手动和自动开启
		步行街内不应布置可燃物
		步行街上空设有悬挂物时，净高应 ≥ 4m（《商设规》第 3.3.3-4 条）

（1）步行街的防火分区、楼梯间选型、疏散宽度的计算、商铺内的疏散距离，以及如有地下层时，是否应执行商店的相应规定（本书 10.2.1~10.2.3），未见明确说明。

（2）《建规》第 5.3.6 条的条文说明可知，有顶棚的商业步行街的主要特征是：两侧的中小型商业设施通过有顶棚的步行街连接，其两端均有开放的出入口并具有良好的自然通风或排烟条件。故两侧的建筑不会因设置顶棚，明显增大火灾蔓延的危险，也不会导致火灾烟气在该空间内明显积累。因此，其防火设计有别于建筑内的中庭。

10.5 歌舞娱乐放映游艺场所

10.5.1 歌舞娱乐放映游艺场所主要指哪些室内场所？

答：详见《建规》和《技术措施》的相关条文。

（1）《建规》第 5.4.9 条将歌舞厅、录像厅、夜总会、卡拉 OK 厅（含具有卡拉 OK 功能的餐厅）、游艺厅（含电子游艺厅）、桑拿浴室（除洗浴部分外）、网吧等（不含剧场、电影院）合并简称为：歌舞娱乐放映游艺场所。

（2）根据《技术措施》第 8.3.7 条第 2 款注 2，公共娱乐场所主要指向公众开放的下列室内场所：

①影剧院、录像厅、礼堂等演出放映场所；

②舞厅、卡拉 OK 厅等歌舞娱乐场所；

③具有娱乐功能的夜总会、音乐茶座、餐饮场所；

④游艺、游乐场所；

⑤保龄球、旱冰场、桑拿淋浴等娱乐、健身、休闲场所。

（3）对照上述条文可知：歌舞娱乐放映游艺场所不包括影剧院、礼堂、保龄球馆和旱冰场。

10.5.2 歌舞娱乐放映游艺场所的防火设计有哪些一般性规定？

答：汇总如表 10.5.2 所列。

歌舞娱乐放映游艺场所防火设计的一般性规定　　　　　表 10.5.2

序号	规范条文内容摘要		《建规》条文号	附注
1	厅、室之间及与建筑的其他部位之间，应采用耐火极限 ≥ 2.0h 的防火隔墙和 ≥ 1.0h 的不燃性楼板分隔，设置在厅、室墙上的门和该场所与建筑内其他部位相通的门均应采用乙级防火门		5.4.9-6	防火分隔
2	不宜布置在袋形走道的两侧或尽端		5.4.9-3	平面布置
3	房门经走道至最近安全出口的距离	位于两个安全出口之间：≤ 25m	表 5.5.17	安全疏散
		位于袋形走道两侧或尽端：≤ 9m		
	室内任一点至房门的距离	≤ 9m	5.5.17-3	
4	每个厅室或房间疏散门的数量应经计算确定且应 ≥ 2 个，相邻 2 个疏散门最近边缘之间的水平距离应 ≥ 5m		5.5.15 和 5.5.2	
	当厅室或房间建筑面积 ≤ 50m² 且经常停留人数 ≤ 15 人时，可设置 1 个疏散门		5.5.15-3	
5	录像厅、放映厅的疏散人数，应根据其建筑面积按 1.0 人 /m² 计算；其他厅室应根据其建筑面积按 0.5 人 /m² 计算		5.5.21-4	
6	应设置封闭楼梯间		5.5.13-2	

注：根据所在的层位尚应执行本书 10.5.3 所列的规定。

10.5.3 歌舞娱乐放映游艺场所布置在不同层位时，防火设计有哪些规定？

答：汇总如表 10.5.3 所列，尚应同时满足表 10.5.2 的各项规定。

歌舞娱乐放映游艺场所不同层位时的防火设计规定　　　　表 10.5.3

项目	宜位于 1~3 层	位于 ≥ 4 层	位于地下一层
耐火等级	一、二级（5.4.9-2）	一、二级	一级（5.1.3）
层位要求	宜靠外墙（5.4.9-2）	—	不应位于地下二层及以下（5.4.9-1）
			必须位于地下一层时，其地面与室外出入口地坪的高差应 ≤ 10m（5.4.9-4）
房间面积	—	一个厅室的建筑面积 ≤ 200m² （5.4.9-5）	
每百人疏散宽度指标（m/100 人）	位于一、二层时为 0.65；三层时为 0.75（表 5.5.21-1）	均为 1.0（5.5.21-1 和 -2）	

注：（　）内为依据的《建规》条文号。

10.5.4 歌舞娱乐放映游艺场所何时应设置自动灭火系统？

答：《建规》对此有明确规定。

（1）现将《建规》第 8.3.3 和 8.3.4 条的相关规定，汇总如表 10.5.4 所示。

歌舞娱乐放映游艺场所应设置自动灭火系统的规定　　　　表 10.5.4

建筑类别	所在层位	《建规》条文号	附注
高层建筑	位于任一层内（含地下、半地下室）	8.3.3	游泳池、溜冰场除外
多层建筑	位于地下、半地下室或 ≥ 4 层	8.3.4-7	游泳场除外
	位于 1~3 层且任一层的建筑面积 >300m²		

（2）均宜采用自动喷水灭火系统。据此，该场所每个防火分区的最大建筑面积可增加一倍；室内安全疏散的最大距离可增加 25%。

10.6　民用建筑内消防设施和设备用房的设置

10.6.1　消防控制室和消防水泵房的防火设计有哪些规定？

答：汇总如表 10.6.1 所列。

消防控制室和消防水泵房的防火设计规定　　表 10.6.1

项目	消防控制室	消防水泵房	《建规》条文号
	规范条文内容	规范条文内容	
层位限制	宜位于首层或地下一层，并宜靠外墙	不应位于地下三层及以下或室内地面与室外出入口地坪高差 >10m 的地下楼层	8.1.6 和 8.1.7
	不应位于电磁场干扰等影响较强的其他设备用房附近		
耐火等级	独立建造时不应低于二级		
安全疏散	疏散门应直通室外或安全出口		
防火分隔	应采用耐火极限 ≥ 2.0h 的隔墙和耐火极限 ≥ 1.5h 的楼板与其他部位分隔		6.2.7
	建筑内的门应为乙级防火门（直接通向室外的门可为普通门）		
其他	应采取防水淹的技术措施		8.1.8

10.6.2　锅炉房、变压器室、柴油发电机房位于民用建筑内时，对其平面布置有何规定？

答：详见《建规》第 5.4.12 和 5.4.13 条。现将其解析汇总如表 10.6.2 所列。

锅炉房、变压器室、柴油发电机房
位于民用建筑内时的平面布置要求　　表 10.6.2

设备用房	名称	变压器室	锅炉房	柴油发电机房
	容量	（油浸变压器总容量 ≤ 1260kV·A，单台容量 ≤ 630kV·A）	（锅炉容量应符合《锅炉房设计规范》的有关规定）	
允许层位		宜单建，受限制时可与一、二级耐火等级的建筑贴建		首层或地下一、二层
		必须合建时应位于首层或地下一层且靠外墙（以相对密度 ≥ 0.75 的可燃气体为燃料的锅炉不得位于地下或半地下）		
			常（负）压燃油、燃气锅炉可位于屋顶（距通向屋面的安全出口 ≥ 6m）或位于地下二层	
		不应布置在人员密集场所的上一层、下一层或贴邻		
疏散条件		直通室外或直通安全出口		

续表

设备用房	名称	变压器室	锅炉房	柴油发电机房
	容量	（油浸变压器总容量≤1260kV·A，单台容量≤630kV·A）	（锅炉容量应符合《锅炉房设计规范》的有关规定）	
防火分隔措施		变压器室之间及其与配电室之间应用耐火极限≥2.0h 的防火隔墙分隔	储油间储存量应≤1m³，应用耐火极限≥3.0h 的防火隔墙和甲级防火门与锅炉间（或发电机房）分隔	
		与其他部位应用耐火极限≥2.0h 的防火隔墙和≥1.5h 不燃性楼板分隔。隔墙上可开甲级防火门窗		
其他要求		应设置火灾报警装置		
		应设置与设备容量和建筑规模相适应的灭火设施		应设置自动喷水灭火系统（其他部位也设置时）
		油浸变压器、多油开关室、高压电容器室应设防油流散设施，变压器下应设事故储油设施	燃气锅炉房应设防爆泄压设施燃油、燃气锅炉房应设独立通风系统	
《建规》条文号		5.4.12		5.4.13

10.6.3　附设在建筑内的消防控制室、通风和空调机房、消防水泵房、灭火设备室，其防火门应如何设置？

答：详见《建规》第 6.2.7 条。

（1）《建规》第 6.2.7 条规定：上述用房"应采用耐火极限≥2.0h 的防火隔墙和≥1.5h 的楼板与其他部位分隔"。在隔墙上开门时，通风、空调机房应采用甲级防火门，其他用房应采用乙级防火门。

（2）值得提示的是：上述用房直接开向室外的门均为普通门。

10.6.4　建筑内变配电室的防火门如何配置？

答：《建规》第 5.4.12 和第 6.2.7 条及《技术措施》第 15.3.4 条有相关规定，现汇总如下。

（1）《建规》第 5.4.12-3 条、第 6.2.7 条和《通则》第 8.3.2-1 条均规定，变配电室与其他部门之间应设耐火极限≥2.0h 的防火隔墙和≥1.5h 的不燃性楼板分隔，确需在隔墙上开设的门、窗应为甲级防火门、窗。

（2）《通则》第 8.3.2 条和《技术措施》第 15.3.4 条则规定的更为详细：根据其所在建筑的层数（多层或高层）、层位（地下层、首层、二层及以上）、通向（走道、房间或室外）等情况，分别采用甲、乙、丙级防火门。综其所述，可简化为：

①直通室外的门应为丙级防火门（附近有易燃物堆场者应为甲级防火门）；

②变配电室的内门均为乙级防火门（开启方向也应符合该条规定）；

③通向其他相邻部位的门均为甲级防火门。

10.7　医院建筑

10.7.1　对医院建筑有哪些一般性专项防火规定？

答：对于单、多层和高层医院建筑均应遵守的专项防火规定如表10.7.1所列。

有关医院建筑的一般性专项防火规定　　　　表10.7.1

项目	规范条文内容提要		规范及条文号
火灾自动报警系统	≥200床位医院的门诊楼、病房楼、手术部均应设置		《建规》8.4.1
耐火等级	医院建筑不应低于二级（与《建规》对单、多层医院的规定不同，详见本书表10.7.2）		《医设规》5.24.1
病房建筑的间距	应满足日照和卫生间距要求，且不宜<12m		《医设规》4.2.6
平面布置	住院部分不得设置在地下或半地下		《建规》5.4.5
	每个护理单元应有2个方向的安全出口		《医设规》5.24.3
	尽端式护理单元或自成一区的治疗用房，其最远房间门至外部安全出口的距离和房间内最远点到房门的距离，均未超过《建规》规定时，可设1个安全出口		
防火分隔	病房楼内相邻护理单元之间应采用耐火极限≥2.0h的防火隔墙分隔，其上的门应为乙级防火门，设置在走道上时应为常开防火门		《建规》5.4.5《医设规》5.24.2
	医疗建筑内的手术室或手术部、产房、重症监护室、贵重精密医疗装备用房、储藏间、实验室、胶片室等，应采用耐火极限≥2.0h的防火隔墙和≥1.0h的楼板与其他部位分隔，墙上必须设置的门、窗应为乙级防火门、窗		《建规》和《建规图示》6.2.2《医设规》5.24.2
地下楼梯间的类型	埋深≥3层或>10m应设防烟楼梯间；其他应为封闭楼梯间		《建规》6.4.4
楼梯净宽（m）	次要楼梯	梯段和平台均应≥1.30m	《技术措施》表8.3.8《医设规》5.1.5
	主要楼梯和疏散楼梯	楼段应≥1.65m、平台应≥2.00m	
走道净宽（有特定要求者）	通行推床的通道净宽应≥2.4m		《医设规》5.1.6
	利用走道单侧候诊时应≥2.4m，两侧候诊时应≥3.0m		《医设规》5.2.3
疏散门净宽（有特定要求者）	病房门应≥1.1m		《医设规》5.5.5
	抢救室门应≥1.4m		《医设规》5.3.4
	推床通过的手术室门宜≥1.4m		《医设规》5.7.5
	放射设备机房、CT室、扫描室的门应≥1.2m其相关控制室的门均宜≥0.9m		《医设规》5.8.5和5.9.4
房间疏散门的数量	位于两个安全出口之间	房间建筑面积≤75m²时可设1个疏散门	《建规》5.5.15及条文说明
	位于袋形走道两侧		
	位于袋形走道尽端	疏散门应≥2个	

注：①对于公共建筑均应遵守的其他防火规定（如防火间距、室外救援设施等）本表从略。

　　②对于>100m的高层医院建筑，尚应符合本书2.0.9所列的规定。

10.7.2　对于单、多层医院建筑有何专项防火规定？

答：汇总如表 10.7.2 所列。

有关单、多层医院的专项防火规定　　　　　　表 10.7.2

项目			规范条文内容提要			《建规》条文号
耐火等级及高度、层数的限制	住院部	耐火等级	一、二级	三级	四级	5.4.5
		地上 单建	≤ 24m	≤ 2 层	单层	
		地上 合建	≤ 24m	首层或二层	首层	
		地下	不得设置			
防火分区允许的最大建筑面积（m²）		地上	2500m²（5000m²）	1200m²（2400m²）	600m²（1200m²）	表 5.3.1
		地下	应为一级。允许最大面积 500m²（1000m²）；设备用房区为 1000m²（2000m²）			
安全疏散距离（m）		两个安全出口之间房间的疏散门	35（35×1.25=43.75）	30（30×1.25=37.5）	25（25×1.25=31.25）	表 5.5.17
		袋形走道两侧或尽端房间的疏散门	20（20×1.25=25）	15（15×1.25=18.75）	10（10×1.25=12.5）	
		室内最远点				
地上楼梯间的类型			封闭楼梯间			5.5.13
疏散的最小净宽度			除另有规定外，走道应 ≥ 1.1m、疏散门应 ≥ 0.9m，楼梯详见表 10.7.1			5.5.18
自动灭火系统的设置			任一层建筑面积 >1500m² 或总面积 >3000m² 的病房楼、门诊楼、手术部应设置			8.3.4
消防电梯的设置（每个防火分区应 ≥ 1 台）			埋深 >10m 且总建筑面积 >3000m² 的地下或半地下室			7.3.1 和 7.3.2

注：① （　）内为有自动灭火系统时的限值。
　　② 尚应执行表 10.7.1 的相关规定。

10.7.3　对于高度 ≤ 100m 的高层医院建筑，有何专项防火规定？

答：汇总如表 10.7.3 所列。

有关高层医院（≤ 100m）的专项防火规定　　　　　　表 10.7.3

项目	规范条文内容提要	规范及条文号
防火分类	一类高层民用建筑	《建规》5.1.1 及条文说明和 5.1.3
耐火等级	一级（含裙房及地下室）	
自动灭火系统	应设置（含裙房及地下室）	《建规》8.3.3

续表

项目	规范条文内容提要			规范及条文号
防火分区最大建筑面积（m²）	地上层的门诊部和手术部		4000	《医设规》5.24.2
	高层主体及与其无防火墙分隔的裙房		1500×2=3000	《建规》5.3.1
	与高层主体有防火墙分隔的裙房		2500×2=5000	
	地下层	水、暖、电设备用房区	1000×2=2000	
		其他	500×2=1000	
地上楼梯间的类型	高层主体	应设防烟楼梯间		《建规》5.5.12和5.5.13
	裙房	与高层主体有防火墙分隔时可设封闭楼梯间，否则应设防烟楼梯间		
安全疏散距离（m）	两个安全出口之间的疏散门至最近安全出口	病房楼	24×1.25=30	《建规》表5.5.17
		其他部分	30×1.25=37.5	
	袋形走道两侧或尽端的疏散门至最近安全出口；以及室内任一点至房门	病房楼	12×1.25=15	
		其他部分	15×1.25=18.75	
疏散的最小净宽度（m）	疏散楼梯	1.3（参见表10.7.1）		表5.5.18
	走道	单面布房1.40；双面布房1.50		
	首层的疏散外门和楼梯间的首层疏散门	1.30		
消防电梯的设置	地上层	属一类公共建筑故应设置		7.3.1
	地下层	地上层的消防电梯均应通地下室		
		埋深>10m且总建筑面积>3000m²的地下室、半地下室		
	每个防火分区应≥1台			7.3.2
避难间的设置	高层病房楼应在≥2层的病房楼层和洁净手术室设置避难间			5.5.24
	避难间服务的护理单元应≤2个，其净面积应按每个护理单元≥25.0m²确定			
	兼作其他用途时，应保证人员的避难安全，且不应减少可供避难的净面积（非合用的电梯前室可兼作避难间）			
	应靠近楼梯间，并采用耐火极限≥2.0h的防火隔墙和甲级防火门与其他部位分隔			
	应设置直接对外的可开启窗口或独立的机械防烟设施，外窗应采用乙级防火窗			

注：尚应执行表10.7.1的相关规定。

10.8　中小学校教学用房

中小学校的建筑物主要包括教学、行政办公及生活服务三类用房，并与体育和绿化用地及道路广场组合成完整、独立的校园，形成绿色环保、舒适安全的教学与生活环境。

教学用房是中小学校建筑的主体，是学生集中和长时间使用的场所。但由于学生在灾难时的判断与逃生能力远低于成年人。故《中小学校设计规范》（简称《学设规》）对教学用房防火设计的规定，进行了必要的增改，并以确保安全疏散的措施为主。

据此，本节也主要针对《学设规》及《建规》等规范中有关教学用房安全疏散的规定条文，给予分类汇总和对照解析。

至于行政办公和生活服务用房以及总平面的防火设计，由于增改的规定较少，直接查阅《学设规》和《建规》的相关条文即可。

10.8.1　教学用房的构成

教学用房的构成如表 10.8.1 所列。

教学用房的构成 表 10.8.1

类别	教学用房		教学辅助用房	附注
普通教室	中学每间 50 人、完全小学每间 45 人、非完全小学每间 30 人		教员休息室	教员休息室与教室宜同层布置
专用教室	中小学均设	计算机、语言教室	资料室	辅助用房宜与相关专用教室成组布置，且宜多科共用
		美术、书法、音乐、舞蹈教室	教具室、乐器室、更衣室	
	中学增设	史地、技术教室	—	
		化学、物理、解剖、显微镜观察、综合实验室	实验员室、准备室、仪器室、药品室、标本陈列室	
	小学增设	科学、劳动教室	相应辅助用房	
		宜设史地教室	资料室	
	体育设施（风雨操场、游泳馆或池）		器材室、更衣室、浴室、厕所	
公共教学用房	合班教室（2 班）、阶梯教室		宜设器材室	—
	图书室（教师、学生、期刊、视听阅览室）、检索、借书处		书库、登录、编目、整修	各公共教学用房的平面布置要求，详见《学设规》5.1.3~5.1.8
	学生活动室、体质测试室、心理咨询室、德育展览室		—	
	任课教师办公室			
—	5.1.1~5.1.3 和表 7.1.1		5.10.2 和 5.10.11 及表 7.1.5	依据的《学设规》条文号

10.8.2　教学用房防火分区、建筑高度、层数及层位的规定

教学用房防火分区、建筑高度、层数及层位的规定如表10.8.2所列。

教学用房防火分区、建筑高度、层数及层位的规定　　　表10.8.2

项目	耐火等级			规范及条文号
	一、二级	三级	四级	
防火分区最大建筑面积	2500m²	1200m²	600m²	《建规》表5.3.1
允许的建筑高度或层数	≤24m	5层	2层	
层位要求	主要教学房允许的所在层位：中学≤5层、小学≤4层			《学设规》6.2.25
	教学用房不得与学生宿舍分层合建。但可在一栋建筑中以防火墙分隔贴建，且应分设出入口			

10.8.3　教学用房安全疏散的一般性规定

（1）疏散人流的计算宽度如表10.8.3-1所列。

疏散人流的计算宽度　　　表10.8.3-1

规范及条文号	条文内容提要	附注
《学设规》8.2.1和8.2.2	中小学校内，每股人流的宽度按0.6m计算 中小学校建筑的疏散通道宽度应≥2股人流，并应按0.6m的倍数增加疏散通道的宽度	仅用于中小学校供学生使用的建筑
《通则》6.7.2	楼梯宽度根据建筑物的使用特征，按每股人流为0.55+（0~0.15）m的人流股数确定，并不少于2股人流。0~0.15m为人流在行进中的摆幅，公共建筑人流众多的场所应取上限	普遍性规定
《建规》5.5.16条文说明	在计算和确定影剧院、礼堂、体育场馆等公共建筑的安全疏散宽度时，每股人流宽度均按0.55计算	正文中无相关规定

（2）安全出口、疏散走道、楼梯、房门每100人的疏散净宽度（m/100人）如表10.8.3-2所列。

安全出口、疏散走道、楼梯、房门每100人的疏散净宽度　　　表10.8.3-2

所在楼层位置		条文内容提要			附注
		一、二级	三级	四级	
地上	一、二层	0.70	0.80	1.05	用于中小学校供学生使用的建筑（《学设规》表8.2.3）
	三层	0.80	1.05	—	
	四、五层	1.05	1.30	—	
地下	一、二层	0.80	—	—	

（3）房门经走道至最近楼梯间的最大距离（m）如表 10.8.3-3 所列。

房门经走道至最近楼梯间的最大距离（m）　　　　　表 10.8.3-3

楼梯间及走道类型		房门位于两座楼梯间之间				房门位于袋形走道的两侧或尽端				附注
		计算公式	耐火等级			计算公式	耐火等级			
			一、二	三	四		一、二	三	四	
至封闭楼梯间	经内廊	①	35	30	20	②	22	20	10	内廊含单面内廊，外廊为敞开式（《建规》表 5.5.17）
至敞开楼梯间	经内廊	① -5	30	25	15	② -2	20	18	8	
	经外廊	① +5-5	35	30	20	② +5-2	25	23	13	

10.8.4　教学用房楼梯间设置的专项规定

教学用房楼梯间设置的专项规定如表 10.8.4 所列。

教学用房楼梯间设置的专项规定　　　　　表 10.8.4

项目		条文内容提要	规范及条文号	附注
楼梯间的类型	敞开楼梯间	≤ 5 层或 ≤ 24m 且与敞开式外廊相通时	《建规》5.5.13	详见【讨论】
	封闭楼梯间	6 层或 7 层且 ≤ 24m 时		
楼梯净宽度	计算宽度	疏散人数 × 百人疏散宽度指标（m/100 人）	《学设规》8.2.1 和 8.2.2	0.6m 为每股人流宽，n 为人流股数，0~0.15m 为摆幅
	设计宽度	n × 0.6m+（0~0.15m）		
	最小宽度	2 × 0.6m=1.2m		
缓冲空间		中间楼层平台与楼梯接口处，宜设缓冲空间，其宽度宜 ≥ 楼梯宽度	《学设规》8.7.7	详见【讨论】
楼梯间通屋面		中小学教学楼的楼梯间应通至屋顶	《技术措施》8.3.11	应通至屋面且 ≥ 2 座
		公共建筑的楼梯间宜通至屋面，且宜 ≥ 2 座	《建规》5.5.3	
采光通风		应有天然采光及自然通风	《学设规》8.7.9	均应执行
		同上，且其外窗与相邻门、窗、洞口净距应 ≥ 1m	《建规》6.4.1	
梯井及扶手净距		相邻梯段间楼梯井净宽应 ≤ 0.11m，否则应采取防护措施。其扶手间净距宜为 0.10~0.20m	《学设规》8.7.5	梯井净宽应 ≤ 0.11m，扶手净距宜为 0.15~0.20m，否则应采取防护措施
		建筑内公共疏散楼梯，其两梯段及扶手间的水平净距宜 ≥ 0.15m	《建规》6.4.8	
		中小学专用活动场所的楼梯，梯井的净宽 ≥ 0.20m 时，应采取防护措施	《通则》6.7.9	
扶手的设置	2 股人流	应至少一侧设置	《学设规》8.7.6	《通则》6.7.6 基本相同，仅"宜增加中间扶手"稍异
	3 股人流	应两侧设置		
	4 股人流	且应居中增加中间扶手		

项目	条文内容提要		规范及条文号	附注
扶手的高度	室内梯扶手	不应低于 0.9m	《学设规》8.7.6	应执行《学设规》
	室外梯及水平扶手	不应低于 1.1m		
	室内梯扶手高度不宜低于 0.9m		《通则》6.7.7	
	靠楼梯井一侧水平扶手长度 >0.5m 时，其高度应 ≥ 1.05m			
踏步尺寸	小学楼梯：高度 ≤ 0.15m，宽度 ≥ 0.26m		《学设规》8.7.3	《通则》6.7.10 规定相同
	中学楼梯：高度 ≤ 0.16m，宽度 ≥ 0.28m			
踏步类型	不得采用螺旋楼梯及扇形踏步		《学设规》8.7.4	《建规》6.4.9 规定相同
梯段级数	应 ≥ 3 级且 ≤ 18 级		《学设规》8.7.3	《通则》6.7.4 规定相同

【讨论】

（1）教学用房疏散楼梯间的选型：

①《建规》第 5.5.13 条规定，当多层公共建筑的楼梯间直通敞开式外廊时，可采用敞开楼梯间。且在该条条文说明中明确指出教学楼包括在内。

②当教学用房的楼梯间直通双侧或单侧为房间的内廊时，楼梯间应选用何种类型？《学设规》未涉及，而《建规》第 5.5.13 条的规定不明确，导致理解多有分歧，设计时应以消防审查部门的意见为准。

有人认为：《建规》第 5.5.13-1 和 5.5.13-3 条规定，多层的"商店、图书馆、展览建筑、会议中心及类似功能的建筑"和"医疗建筑、旅馆、老年人建筑及类似使用功能的建筑"，应采用封闭楼梯间。而中小学校教学用房，因学生密集且逃生能力低，故应属于"类似使用功能的建筑"，也应采用封闭楼梯间。

但也有人认为：中小学校教学用房不在上述建筑之内，故根据《建规》第 5.5.13-4 条，只要该教学用房 ≤ 5 层，仍可选用敞开楼梯间。

（2）关于教学用房疏散楼梯如何设置缓冲空间？可参见国家标准图集：《中小学校设计规范》图示 11J934—1 第 F11 页，以及《中小学校场地与用房》11J934—2 第 E4~E6 页。

可能由于该空间的设置对相邻房间和走廊空间的完整性影响较大。同时又系"允许稍有选择，在条件许可时首先应这样做"的规定，故工程实例不多。

但应注意的是，楼梯间入口处平台的宽度应 ≥ 梯段的宽度。当为敞开楼梯间时，也不得借用相邻走廊的宽度。此外，还应执行《建规》第 6.4.11-3 条的规定："开向疏散楼梯或疏散楼梯间的门，当其完全开启时，不应减少楼梯平台的有效宽度"。详见本书第 11.1 节。

10.8.5　教学用房疏散走道设置的专项规定

教学用房疏散走道设置的专项规定如表 10.8.5 所列。

教学用房疏散走道设置的专项规定　　　　　　　　　　　表 10.8.5

项目		条文内容提要	《学设规》条文号
疏散走道的净宽度	计算宽度	疏散人数 × 百人疏散宽度指标（m/100 人）	8.6.1、8.2.2 和 8.2.3
	设计宽度	n×0.6m（每股人流宽度的倍数）	
	最小宽度	两侧房间的内走道：≥ 2.4m	
		单侧房间的内走道或外廊：≥ 1.8m	
净宽要求		走道疏散宽度内不得有壁柱、消火栓、教室开启的门窗扇等	8.6.1
		靠外廊及单内廊教室内隔墙的窗开启后不得挤占走道的疏散宽度	8.1.8
门型要求		疏散走道上不得使用弹簧门、旋转门、推拉门和大玻璃门	

10.8.6　教学用房房间疏散门设置的专项规定

教学用房房间疏散门设置的专项规定如表 10.8.6 所列。

教学用房房间疏散门设置的专项规定　　　　　　　　　　表 10.8.6

项目		条文内容提要	规范及条文号
疏散门的数量		每个教学用房的疏散门均应≥ 2 樘	《学设规》8.8.1
		教室处于袋形走道尽端，其室内任一点距教室门≤ 15m，且该门的净宽≥ 1.5m 时，可设 1 个门	
		位于走道尽端的房间，建筑面积≤ 200m², 由房间内任一点至疏散门的直线距离≤ 15m，且疏散门净宽≥ 1.4m 时，可设 1 个门	《建规》5.5.15（仅供参考）
		位于两个安全出口之间或袋形走道两侧的房间，对于教学建筑，当房间建筑面积≤ 75m² 时可设 1 个门（教学辅助用房似可执行）	
门的净宽	计算宽度	疏散人数 × 百人疏散宽度指标（m/100 人）	《学设规》8.8.1
	最小宽度	≥ 0.9m（同《建规》第 5.5.18 条的规定）	
门的开启方向		均应向疏散方向开启，开启后门扇不得挤占走道疏散宽度	《学设规》8.1.8
		人数≤ 60 人且每樘门疏散人数≤ 30 人的房间，其疏散门的开启方向不限（不应执行此条规定）	《建规》6.4.11

10.8.7　教学用房出入口设置的专项规定

教学用房出入口设置的专项规定如表 10.8.7 所列。

教学用房出入口设置的专项规定   表 10.8.7

项目	条文内容提要	规范及条文号
出入口的数量	公共建筑内的每个防火分区或一个防火分区的每个楼层，安全出口的数量应经计算确定，且应 ≥ 2 个	《建规》5.5.8
	除托儿所、幼儿园外，建筑面积 ≤ 200m²，且人数 ≤ 50 人的单层公共建筑或多层公共建筑的首层可设置 1 个安全出口	
	除建筑面积 ≤ 200m²，人数 ≤ 50 人的单层教学建筑外，每栋建筑应设 2 个出入口（与《建规》基本相同）	《学设规》8.5.1
	非完全小学内，单栋建筑面积 ≤ 500m²，且耐火等级为一、二级的低层建筑可设 1 个出入口	
出入口的净宽	教学用房出入口的净通行宽度应 ≥ 1.4m。门内与门外各 1.5m 范围内不宜设置台阶（与《建规》有异）	《学设规》8.5.3
	人员密集公共场所的疏散门净宽度应 ≥ 1.4m，且靠门内外各 1.4m 的范围内不应设置踏步	《建规》5.5.19
门厅的设置	教学用房在建筑的主出入口处宜设门厅	《学设规》8.5.2

注：门洞口宽度 = 门计算净宽 +0.1m，且宜取 1.5、1.8、2.1、2.4m。

10.8.8　教学用房出入口设置的专项规定

普通教室和各类专用教室对教室内桌椅间疏散走道的宽度要求不同，其设置应符合《学设规》第 5 章对各教室设计的规定（《学设规》第 8.8.2 条）。并可参见国家标准图：《中小学设计规定》图示和《中小学校场地和用房》。

10.9　自然防排烟系统

10.9.1　对于采用自然通风方式的防烟系统有何规定？

答：现将《建规》和《建筑防排烟系统技术规范》（简称《防排烟规》）的有关规定汇总如下。

（1）根据《防排烟规》第 3.1.3 条的规定："建筑高度 >50m 的公共建筑、工业建筑和建筑高度 >100m 的住宅建筑，其防烟楼梯间、消防电梯前室及合用前室应采用机械加压送风方式的防烟系统"。

（2）根据《防排烟规》第 3.1.1 条的规定："建筑高度 ≤ 50m 的公共建筑、工业建筑和建筑高度 ≤ 100m 的住宅建筑，其防烟楼梯间及其前室、消防电梯前室及合用前室宜采用自然通风方式的防烟系统"。其相关规定汇总如表 10.9.1 所示。

（3）可开启外窗或开口有效面积的计算方法，详见《建规图示》附录（第 218 页）。

（4）可开启外窗应方便开启；设置在高处的可开启外窗应设置距地面高度 1.3~1.5m 的开启装置（《防排烟规》第 3.2.4 条）。

采用自然通风方式防烟系统的相关规定

表 10.9.1

部位		可开启外窗或开口的有效面积	规范条文号
封闭楼梯间		每 5 层可开启外窗或开口的有效面积应 ≥ 2.0m²，且在该楼梯最高部位应设置有效面积 ≥ 1.0m² 的可开启外窗或开口	
防烟楼梯间	楼梯间	同上	《建规》8.5.1 《防排烟规》3.2.1、3.1.2 和 3.1.1
		当前室或合用前室采用机械加压送风系统，且其加压送风口设置在前室的顶部或正对前室入口的墙面上时，楼梯间可采用自然通风方式（外窗或开口的有效面积同上）。否则楼梯间应采用机械加压送风系统	
		当符合下列要求时，楼梯间可不设置防烟系统： 1. 敞开的阳台或凹廊作为前室或合用前室； 2. 设有不同朝向的可开启外窗的前室或合用前室，且前室两个不同朝向的可开启外窗面积分别 ≥ 2.0m²，合用前室 ≥ 3.0m²	
	前室	≥ 2.0m²	
消防电梯前室		≥ 2.0m²	《建规》8.5.1 《防排烟规》3.2.2
合用前室		≥ 3.0m²	
避难层（间）		应设有不同朝向的可开启外窗，其有效面积应≥该地面面积的 2%，且每个朝向的有效面积应 ≥ 2.0m²	《建规》5.5.23-9、5.5.24-6 《防排烟规》3.2.3

注：避难走道的前室多采用机械加压送风系统，故未列入。

10.9.2 对于采用自然通风方式防烟系统的楼梯间，当局部无自然通风条件时，可否仅在该局部范围内设置机械加压送风系统？

答：属于下述情况者可以。

（1）带裙房的高层建筑的防烟楼梯间及其前室、消防电梯间前室或合用前室，当裙房以上部分利用可开启外窗进行自然通风，裙房等高范围内不具备自然通风条件时，该范围内的上述部位应采用机械加压送风系统（《防排烟规》第3.1.6条）。

（2）对于地上和地下公用的楼梯间，当地上部分利用可开启外窗进行自然通风时，楼梯间的地下部分应采用机械加压送风系统（《防排烟规》第3.1.8条）。如地下部分设有窗井，且可满足自然通风条件时则可除外。

（3）不能满足自然通风条件的封闭楼梯间，应设置机械加压送风系统。当封闭楼梯间位于地下且不与地上楼梯间共用时，可不设置机械加压送风系统，但应在首层设置 ≥ 1.2m² 的可开启外窗或直通室外的门（《防排烟规》第3.1.9条）。

10.9.3 自然排烟系统有何规定？

答：现将《建规》和《防排烟规》等规范中与建筑专业的相关规定汇总如下。

（1）设置排烟系统的场所或部位应划分防烟分区（《防排烟规》第4.1.1条），详见暖通专业的相关设计。

（2）多层建筑宜采用自然排烟系统（《防排烟规》第4.1.6条）。

（3）当采用自然排烟系统时，排烟窗的有效面积应按《防排烟规》第5.2.13条的规定计算确定，由暖通专业提供给建筑专业。

（4）上悬窗不得作为排烟窗，平开窗、下悬窗、侧拉窗和平推窗有效排烟面积的计算方法，详见《建规图示》附录（第218页）。

（5）排烟窗应设置在排烟区域的顶部或外墙，并应符合下列要求（《防排烟规》第4.2.1条摘录）：

①当设置在外墙上时，排烟窗应在室内净高度的1/2以上，并应沿火灾烟气流方向开启；

②宜分散布置，每组排烟窗的长度宜 ≤ 3.0m；

③自动排烟窗附近应同时设置便于操作的手动开启装置，且距地面的高度宜 1.3~1.5m。

（6）室内或走道的任一点至防烟分区内最近的排烟口或排烟窗的水平距离应 ≤ 30m，当室内高度 >6m，且具有自然对流条件时其水平距离可增加25%（《防排烟规》第4.1.3条）。

（7）下列场所或部位应设置排烟系统，当不能采用自然排烟设施或其有效排烟面积不能满足规定时应采用机械排烟设施，详见表10.9.3。

应设置排烟系统的场所或部位　　　　　　　　　表 10.9.3

	场所或部位	《建规》条文号
地上	位于一至三层且房间建筑面积 >100m²，或位于 ≥ 4 层的歌舞娱乐放映游艺场所	8.5.3-1
	公共建筑内建筑面积 >100m² 且经常有人停留的地上房间	8.5.3-3
	公共建筑内建筑面积 >300m² 且可燃物较多的地上房间	8.5.3-4
	地上建筑内的无窗房间	
地下	总建筑面积 >200m² 的地下或半地下建筑（室）	8.5.4
	建筑面积 >50m² 且经常有人停留或可燃物较多的地下或半地下房间	
	位于地下或半地下的歌舞娱乐放映游艺场所	8.5.3-1
中庭		8.5.3-2
建筑内长度 >20m 的疏散走道		8.5.3-5

（8）从表 10.9.3 可以推知：由于住宅建筑房间的建筑面积均较小，只要符合外窗自然通风最小开口面积的规定，在保证室内环境的同时，也可满足火灾时排烟的需要。因此，《住设规》第 7.2.3 条和《住建规》第 7.2.4 条均规定："每套住宅的自然通风开口面积应 ≥ 地面面积的 1/20"。《住设规》第 7.2.4 条更具体规定：卧室、起居室（厅）、明卫生间的该值应 ≥ 1/20；厨房应 ≥ 1/10 且 ≥ 0.6m²（均含外设封闭阳台的地面面积）。

同理，对于公共建筑内，按表 10.9.3 无需设置排烟系统的房间，为保证室内自然通风，《绿色建筑评价标准》第 5.2.2 条规定：当全部为玻璃幕墙时，其透明部分可开启面积的比例应为 5%~10%；当全部为外窗时，其可开启面积的比例应为 30%~35%。

10.10 住宅建筑防火设计条文索引与提要

有关住宅建筑防火设计的条文分散于《建规》的各章节内，为查阅方便，现将相应的条文号和内容提要汇总如表 10.10.1~ 表 10.10.8 所列。但仅限于建筑专业的相关条文；条文的类别与《建规》的章节相对应，以利查阅；附有与该条文相关的本书条目编号，以便参阅。

10.10.1 建筑防火设计总则与术语

建筑防火设计总则与术语　　　　　　　　　　　　　　　　　表 10.10.1

类别	《建规》条文号	条文内容提要	本书相关条文号
总则	1.0.2	本规范适用于新建、扩建和改建的民用建筑	—
	1.0.4	多种使用功能的建筑，各功能分区间应进行防火分隔，并应根据相关规定，分别进行防火设计	—
	1.0.6	高度 >250m 的建筑尚应组织专题研究和论证	—
	1.0.7	建筑防火设计尚应符合其他有关的现行国家标准的规定	—
术语	2.1.1（A.0.1）	高度 >27m 的住宅属于高层建筑（附录 A：关于建筑高度和层数的计算规定）	2.0.5（7.2.8）
	2.1.2	裙房的定义	2.0.6
	2.1.4	商业服务网点的定义	10.3
	2.1.6、2.1.7	半地下室和地下室的定义	—
	2.1.8、2.1.10	耐火极限的定义	—
	2.1.11、2.1.12	防火隔墙和防火墙的定义	2.0.3
	2.1.13	避难层（间）的定义	—
	2.1.14	安全出口的定义	—
	2.1.15、2.1.16	封闭楼梯间和防烟楼梯间的定义	2.0.1
	2.1.21	防火间距的定义	—
	2.1.22	防火分区的定义	—

10.10.2 住宅的建筑分类和耐火等级

住宅的建筑分类和耐火等级　　　　　　　　　　　　　　　　表 10.10.2

类别	《建规》条文号	条文内容提要	本书相关条文号
建筑分类	5.1.1	住宅建筑的分类（一类和二类高层住宅、单层和多层住宅，且均含设有商业服务网点的住宅）	3.0.1
耐火等级	5.1.2	不同耐火等级建筑相应构件的燃烧性能和耐火极限	3.0.3
	5.1.3	住宅建筑耐火等级的确定	—
	5.1.4~5.1.9	不同耐火等级的建筑，对某些构件燃烧性能或耐火极限的限定	—

10.10.3　住宅的总平面布局和防火间距

住宅的总平面布局和防火间距　　　　　　　　表 10.10.3

类别	《建规》条文号	条文内容提要	本书相关条文号
总平面布局	5.2.1	应合理确定建筑位置、防火间距、消防车道等，不应布置在危险性较高的厂房、仓库、储罐和堆场附近	—
防火间距	5.2.2 和 5.2.4	民用建筑之间的防火间距，以及减少防火间距的条件	4.0.1、4.0.2 和 4.0.4
	5.2.6	高度 >100m 的民用建筑与相邻建筑的防火间距，当符合规定条件时仍不得减少	
	5.2.3 和 5.2.5	民用建筑与变电站、锅炉房、燃气站等防火间距的规定	4.0.3

10.10.4　住宅的防火分区、允许层数和平面布置

住宅的防火分区、允许层数和平面布置　　　　　表 10.10.4

类别	《建规》条文号	条文内容提要	本书相关条文号
防火分区和允许层数	5.3.1	不同耐火等级住宅允许的建筑高度或层数，以及防火分区的最大允许面积	3.0.2、5.1.3~5.1.5、5.1.7 和 5.1.8
	5.3.2	上下层连通时防火分区的面积应叠加计算	5.1.1
平面布置	5.4.1	平面布置应结合建筑的耐火等级、火灾危险性、使用功能和安全疏散合理布置	—
	5.4.2	除满足使用功能的附属用房外，民用建筑内不设置生产车间和其他库房	—
	5.4.10	关于住宅与其他使用功能建筑合建时的相关规定（商业服务网点除外）	2.0.7 和 5.2.3
	5.4.11	关于住宅设有商业服务网点的相关规定（面积、安全疏散、防火分隔等）	10.3
	5.4.12、5.4.13 和 5.4.16	关于锅炉房、变压器室、配电室、柴油发电机房等位于民用建筑内或贴建时，对其平面布置的相关规定	10.6.2

10.10.5　住宅的安全疏散与避难

住宅的安全疏散与避难　　　　　　　　　　表 10.10.5

类别	《建规》条文号	条文内容提要	本书相关条文号
一般规定	5.5.2	住宅单元每层相邻两个安全出口的净距应 ≥ 5m	7.1.2
	5.5.3	楼梯间宜通至屋面，其门窗应向外开	7.2.7 和 7.2.9
	5.5.4	电梯不应计作安全疏散设施	—
	5.5.5	地下或半地下室设置 1 个安全出口，及其房间设置 1 个疏散门的条件	—

续表

类别	《建规》条文号	条文内容提要	本书相关条文号
一般规定	5.5.6	直通附设汽车库的电梯，应设与汽车库有防火分隔的候梯厅	—
	5.5.7	高层住宅室外安全出口的上方应设防护挑檐	8.1.4
疏散楼梯的数量与类型	5.5.25 和 5.5.26	确定住宅单元安全出口数量的条件	7.2.6
	5.5.27	确定住宅疏散楼梯类型的条件	7.2.1、7.2.2、7.2.4、7.2.5 和 7.2.8
	5.5.28	住宅采用剪刀楼梯间的条件	7.2.3
疏散距离	5.5.29	住宅户门至安全出口的距离、户内安全疏散距离、楼梯间在首层与室外出口的距离	7.1.1、7.1.3 和 7.1.4
疏散宽度	5.5.30	住宅户门、安全出口、疏散走道和疏散楼梯宽度的确定	7.3.1~7.3.3
避难设施	5.5.31 和 5.5.23	高度 >100m 的住宅应设置避难层	—
	5.5.32	高度 >54m 的住宅，每户应设一间供避难用的房间	—

10.10.6 建筑防火构造

建筑防火构造 表 10.10.6

类别	《建规》条文号		条文内容提要	本书相关条文号
防火墙	6.1.1		防火墙应直接设置在承重结构上	
	6.1.3 和 6.1.4		防火墙两侧处门、窗、洞口之间的净距应 ≥ 2m（位于内转角处时应 ≥ 4m）。设置乙级防火门窗时，该距离不限	8.1.7
	6.1.5		防火墙上可开设能自动关闭的甲级防火门、窗	—
	6.1.6		允许穿过防火墙的管道，对其空隙应采取防火封堵措施	—
建筑构件和管道井	6.2.3		住宅内附设的汽车库应采用防火隔墙与其他部位分隔，该墙上可开设乙级防火门窗	
	6.2.4		住宅的分户墙和单元间的墙应为防火隔墙	
	6.2.5		分户墙两侧外门窗的净距应 ≥ 1.0m 或为突出外墙面 ≥ 0.6m 的隔板	8.1.1
			住宅外墙上、下层开口之间应为 ≥ 1.2m 的实体墙或为宽度 ≥ 1.0m 的防火挑檐	8.1.2 8.1.3
	6.2.7		消防控制室、消防水泵房、变配电室与住宅的其他部位应设置防火分隔措施	10.6.1~10.6.4
	6.2.9		电梯井和管道井应独立设置，其井壁、电梯井门和管井检查门的耐火极限，以及层间或隔墙间空隙的封堵措施应满足相关规定	8.1.6
疏散楼梯间	6.4.1 6.4.4 6.4.7 6.4.8 6.4.11	一般规定	除避难层处外，疏散楼梯在各层的位置不应改变	8.2.1 8.2.2 8.2.3
			楼梯间宜靠外墙布置，应能天然采光和自然通风，其外窗与相邻门窗的净距应 ≥ 1m	
			不应设置液体和可燃气管道，但住宅的敞开楼梯间可设置具有防护措施的可燃气体管道	
			疏散楼梯或通道上确需采用螺旋或扇形踏步时，其上下两级形成的平面角度不应 >10°，且距扶手 250mm 处的踏步深度不应 <220mm	

续表

类别	《建规》条文号		条文内容提要	本书相关条文号
疏散楼梯间	6.4.1 6.4.4 6.4.7 6.4.8 6.4.11	一般规定	公用疏散楼梯两梯段及扶手间的水平净距宜 ≥ 150mm（住宅的公用疏散楼梯应 ≥ 110mm）	8.2.1 8.2.2 8.2.3
			开向疏散楼梯或楼梯间的门，其完全开启时不应减少楼梯平台的有效疏散宽度	11.1
	6.4.2	封闭楼梯间	不能自然通风时，应设置机械加压送风系统或采用防烟楼梯间	8.2.9 8.2.10
			除出入口和外窗外，不应开设其他门窗洞口	
			除高层住宅外，可采用双向弹簧门	
			在首层可采用扩大封闭楼梯间，与其相邻的房门和走道应设乙级防火门窗	
	6.4.3	防烟楼梯间	应设防烟设施	8.2.7 8.2.11
			前室的面积应 ≥ 4.5m², 与消防电梯前室合用时应 ≥ 6.0m²	
			应采用乙级防火门	
			在首层可采用扩大前室，与其相邻的房门和走道应设乙级防火门窗	
	6.4.4	地下层楼梯间	埋深 >10m 或 ≥ 3 层的地下、半地下室应设防烟楼梯间，否则应设封闭楼梯间（户内自用楼梯除外）	8.2.4 8.2.5 8.2.6
			在首层应直通室外，确需与地上楼梯间共用出口时，二者应采用防火隔墙和乙级防火门与其他部位分隔	
	6.4.5	室外楼梯	楼梯净宽应 ≥ 0.9m，扶手高度应 ≥ 1.1m，倾斜角度应 ≤ 45°	8.2.8
			梯段和平台均应为不燃材料，耐火极限应分别 ≥ 1.0h 和 ≥ 0.25h	
			疏散门应为向外开启的乙级防火门，且不得正对梯段，除该门外，楼梯 2m 内的墙上不应开设其他门、窗、洞口	
	6.4.9 6.4.10 6.4.11	其他	高度 >10m 的三级耐火等级的建筑应设置通至屋顶并符合相关规定的室外消防梯	8.3.4
			疏散走道在防火分区处应设常开甲级防火门	
			疏散走道的疏散门应为平开门，并应向疏散方向开启，当 ≤ 60 人且每樘门平均疏散人数 ≤ 30 人时，房门的开启方向不限（故住宅户门的开启方向不限）	
防火门窗	6.5.1		常开防火门应具有火灾进自行关闭和信号反馈功能，但户门为防火门时除外	8.3.1~8.3.5
			防火门应能在其内外两侧手动开启 防火门应设置在变形缝楼层较多的一侧，且其门扇开启时不应跨越变形缝	
	6.5.2		防火窗应采用不可开启的窗扇或具有火灾时自行关闭的功能	
天桥和连廊	6.6.4		仅供通行的天桥和连廊应采用不燃材料，与建筑物的连接口符合防火要求时可视为安全出口	—
建筑保温和外墙装饰	6.7.1~6.7.11		关于建筑外墙保温系统（内保温、无腔和有腔外保温）以及屋面保温系统，《建规》第 6.7.1~6.7.11 条规定了保温材料的选用原则和构造措施。本书 8.4 节对其进行了分析汇总并列表综述，故不再重复，可直接查阅本书	8.4.1~8.4.4
	6.7.12		建筑外墙的装饰层应采用燃烧性能为 A 级的材料，但当高度 ≤ 50m 时，可采用 B1 级材料	

10.10.7 灭火救援设施

灭火救援设施　　　　　　　　　　　　　　　　　　　　　表 10.10.7

类别	《建规》条文号	条文内容提要	本书相关条文号
消防车道	7.1.1	关于街区内和沿街消防车道布局和间距的规定	—
	7.1.2	高层住宅可沿一个长边设置消防车道	—
	7.1.4 和 7.1.5	封闭内院或天井的短边 >24m 时，应设进入其内的消防车道	—
	7.1.8	关于消防车道净宽、净空、转变半径、坡度、与建筑外墙的净距的规定	9.1.1
	7.1.9	关于环形和尽端式消防车道，以及回车道和回车场布置的规定	—
救援场地和入口	7.2.1	关于高层住宅室外布置消防车登高操作场地的规定	—
	7.2.2	关于消防车登高操作场地长度、宽度、坡度、净空，以及与建筑外墙净距等的规定	9.1.2 9.1.3
	7.2.3	建筑物与消防车登高操作场地对应的范围内，应设置直通室外的楼梯或直通楼梯间的入口	—
消防电梯	7.3.1	高度 >33m 的住宅及其地下、半地下室应设消防电梯	9.2.1
	7.3.2	每个防火分区设置的消防电梯应≥ 1 台	9.2.3
	7.3.4	符合要求的客梯可兼作消防电梯	—
	7.3.5	关于消防电梯前室设置的规定	—
	7.3.6	关于消防电梯井道、机房的防火规定，以及电梯井底和前室应分别设置排水、挡水设施的规定	9.2.2
	7.3.8	关于消防电梯停站、载重、运行时间、防水、装修和救援设施的规定	—

10.10.8 住宅建筑内消防设施的设置

住宅建筑内消防设施的设置　　　　　　　　　　　　　　　表 10.10.8

类别	《建规》条文号	条文内容提要	本书相关条文号
一般规定	8.1.6	消防水泵房的设置规定	10.6.1
	8.1.7	消防控制室的设置规定	
	8.1.8	消防水泵房和消防控制室应采取防水淹的技术措施	
	8.1.10	关于住宅建筑公共部位设置灭火器的规定	—
室内消火栓系统	8.2.1	高度 >21m 的住宅建筑应设置室内消火栓系统	—
	8.2.4	高层住宅户内宜配置轻便消防水龙	—
自动灭火系统	8.3.3	高度 >100m 的住宅建筑应设置自动灭火系统，并宜为自动喷水灭火系统	—

续表

类别	《建规》条文号	条文内容提要	本书相关条文号
火灾自动报警系统	8.4.2	关于不同高度高层住宅设置火灾自动报警系统的规定	—
防排烟设施	8.5.1	高度 ≤ 100m 的住宅，其防烟楼梯间的前室或合用前室可不设置防烟系统的条件	10.9.1 10.9.2
	8.5.3	建筑内 >20m 的走道应设置排烟设施	10.9.3
	8.5.4	地下或半地下室应设置排烟设施的规定	

第 11 章 专题研讨

本章的内容主要讨论如何执行《建规》中无明确规定的防火设计问题,以及对《建规图示》中某些要求的商榷。因均为基于个人理解的建议,故不能作为防火设计的依据,仅供建筑师与消防审批部门交换意见和最终定案时参考。

11.1 楼梯间平台的有效疏散宽度

11.1.1 双跑公共楼梯间各部位的最小净宽应如何理解?

答:其定义和限值解析如下。

(1)楼梯间各部位净宽的定义如图 11.1.1 所示。

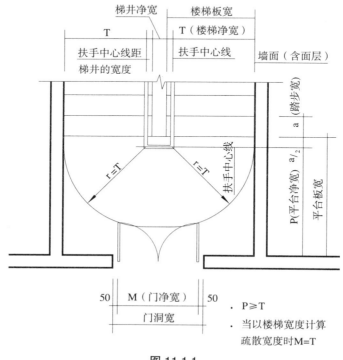

图 11.1.1

①楼梯和平台的净宽均系指扶手中心线至墙面（含面层）或扶手中心线（含靠墙扶手）之间的水平距离（见《建规图示》5.5.18 图示 2、《通则》第 6.7.2 条和第 6.7.3 条条文说明的附图）。

扶手中心线距楼板侧面的距离，因构造不同而异，通常为 60mm。扶手中心线在平台转向处与梯井边缘的距离，也因构造不同而异，通常为踏步宽度的 1/2（见国家标准图《楼梯栏杆栏板》15J403—1）。剪刀梯因梯板之间为防火隔墙故无梯井，而隔墙端部多不突出踏步，故此时平台的净宽也即墙面至踏步的距离（平台楼板宽度），且多在楼梯侧墙上设置扶手。

②梯井的净宽，系指两梯板及扶手之间的水平距离，用于消防救援时向上吊挂水带，故多用于无室内消火栓系统的多层建筑。其净宽宜≥150mm（《建规》第 6.4.8 条及条文说明），但住宅可为≥110mm（《住设规》第 6.3.5 条）。对于其他建筑梯井的净宽虽无限定，但应考虑梯板间的施工距离。

③疏散门的净宽，系指完全开启后门扇之间的水平距离（《建规图示》5.5.18 图示 2）。门洞口的宽度因门的类型、材质、构造而不同，对于平开门可按"门的净宽"+100mm 计算（《建规》第 3.7.5 条条文说明）。

（2）公共楼梯间不仅用于火灾时疏散，在平时根据不同的建筑类别，尚承担竖向交通、急救、运物等使用功能。因此，楼梯间各部位的最小净宽应综合考虑确定。现汇总如表 11.1.1-1 和表 11.1.1-2 所列。

公共楼梯梯段和平台的最小净宽（m） 表 11.1.1-1

建 筑 类 别		梯段净宽	平台净宽	规范条文号
住宅	≤18m（≤6 层）一边设有栏杆	1.00	1.20 （剪刀梯为 1.30）	《建规》5.5.30 《住设规》6.3.1、6.3.3、6.3.4 《老年人建筑设计规范》 4.4.2
	≥21 层（≥7 层）	1.10		
	老年人住宅	1.20		
公共建筑	疗养院、医院病房楼房医技楼　主楼梯和疏散梯	1.65	2.00	相关建筑设计规范
	次要楼梯	1.30		
	一般高层建筑	1.20		
	老年人建筑、宿舍、体育建筑、幼年及儿童建筑			
	电影院、剧院、商店、港口客运站、中小学	1.40		
	铁路客运站	1.60		
汽车库		1.10		《汽车库防火规范》6.0.3

注：①当以门宽为计算宽度时，楼梯的宽度应≥门的宽度（《建规》5.5.18 条文说明）。
②平台的净宽≥楼梯的净宽（《通则》6.7.3 和《住设规》6.3.3）。

公共楼梯间疏散门的最小净宽（m）（当以门宽为计算宽度时）　表 11.1.1-2

门所在的部位	门净宽（m）	规范条文号	附　注
高层公共建筑楼梯间首层的疏散门	1.2	《建规》 表5.5.18 和表5.5.30	当以楼梯宽度为计算宽度时，门的宽度应≥楼梯宽度（《建规》5.5.18 条文说明）
其他建筑楼梯间的疏散门	0.9		

11.1.2　公共楼梯间的疏散门位于楼梯对面时，该处平台的净宽如何确定？

答：门扇完全开启后不应影响平台的有效疏散宽度。

（1）设计条件：除 11.11.1 所述的规定外，尚补充如下条件：

①楼梯净宽为常用的 1.10、1.20、1.30 和 1.40m。踏步宽度为 280mm。

②楼梯间隔墙厚度均为 200mm。

③疏散门为平开防火门，立樘居墙厚的中心线上，故门扇的最大开启角度为 90°。

大小扇门限于门净宽 1100mm、1200mm 和 1300mm，其小扇宽度均为 300mm。

因以楼梯宽度为计算疏散宽度，故疏散门的净宽≥楼梯的净宽。

（2）根据《建规》第 6.4.11-3 条的规定，"疏散楼梯间的门，当其完全开启时，不应减少楼梯平台的有效疏散宽度"。系指门扇完全开启后，门扇的端部不应进入人流疏散范围内（如《建规图示》6.4.11 图示 6 右图所示），并非要求门扇的开启范围线也不得进入人流疏散的范围线内（如《建规图示》6.4.11 图示 6 左图所示），两图示有异，本书以前者为准。

现将不同净宽和类型的疏散门分别居中和偏一侧时，所需平台的最小净宽汇总如表 11.1.2、图 11.1.2-1 和图 11.1.2-2 所示。

公共楼梯间疏散门位于楼梯对面时该处平台的最小净宽（mm）　表 11.1.2

设计条件			不同楼梯净宽时平台的最小净宽				图示编号（仅以楼梯净宽 1100 为例）
门的位置	门的类型	梯井净宽	1100	1200	1300	1400	
偏一侧	大小扇门	≥ 150	1300	1400	1500	—	11.1.2-1
			平台净宽 = 楼梯净宽 +200				
居中	对开扇门	150	~1460	~1600	~1740	~1880	11.1.2-2
		>150	≤ 1550	≤ 1700	≤ 1850	≤ 2000	
			平台净宽 = 楼梯净宽 ×1.5-100				

从下列图表可知：

①对开扇门应居中开设。此时梯井的净宽加大，平台的净宽也随之增加，其限值为：≤楼梯净宽 + 门净宽（同楼梯净宽）× 1/2-100（墙厚的 1/2）= 楼梯净宽 ×1.5-100（mm）。

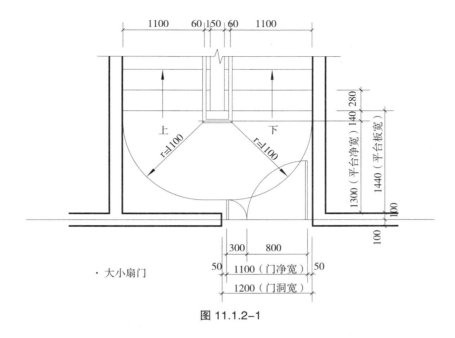

· 大小扇门

图 11.1.2-1

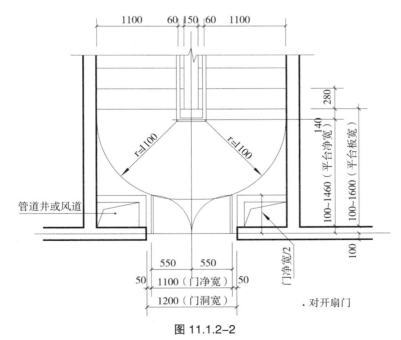

· 对开扇门

图 11.1.2-2

②大小扇门应偏居一侧开设，其所需的平台净宽小于居中的同宽对开扇门。且与梯井净宽加大无关。

因小扇门宽均为 300mm，故平台净宽 = 楼梯净宽（同门净宽）+（300-100）= 楼梯净宽 +200（mm）。

大小扇门宜位于正对下行梯段的一侧（或调整梯段的上下方向），以使大门扇开启的方向与楼梯人流的疏散方向一致，较为有利。

（3）《技术措施》第 8.2.7 条仅要求："当楼梯正面门扇开足时，休息平台的净宽宜不小于 0.6m"，且与楼梯的净宽无关。此点与《建规》的规定差异较大，不应执行。

（4）对于住宅建筑，当以楼梯宽度计算疏散宽度时，其门宽应≥楼梯净宽，故门净宽也可为 1100mm 或 1200mm。相应的平台净宽则可参照本条确定。

11.1.3 公共楼梯间的疏散门位于侧墙上时，该处平台的净宽如何确定？

答：门扇完全开启后不应影响平台的有效疏散宽度。

（1）设计条件：除 11.1.1 所述的规定外，其他条件同 11.1.2-（1）和 11.1.2-（2）所列。

（2）现将不同净宽和类型的疏散门位于侧墙上时，所需平台的最小净宽汇总如表 11.1.3 所列。

公共楼梯间疏散门位于侧墙上时该处平台的最小净宽（mm）　　　表 11.1.3

设计条件		不同楼梯净宽时平台的最小净宽				图示编号
梯井净宽	门的类型	1100	1200	1300	1400	
≥ 150	大小扇门	~1770	~1900	~2040	—	图 11.1.3
	对开扇门	~2030	~2220	~2400	~2590	

注：当为剪刀梯时，平台的净宽为表内数值 −140mm（踏步宽度的 1/2）。

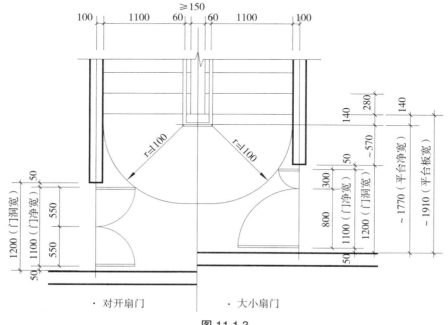

图 11.1.3

从上列图表可知：

①当门净宽相同时，大小扇门所需的平台净宽较小。

②当门净宽和类型相同时，位于侧墙上者所需的平台净宽均大于位于楼梯对面者（对比表 11.1.2 和表 11.1.3）。

③对于住宅建筑，当以楼梯宽度计算疏散宽度时，其门净宽应≥楼梯净宽，故门宽也可为 1100mm 或 1200mm。相应的平台净宽则可参照本条确定。

11.1.4　住宅楼梯间的疏散门为单扇防火门时，该处平台的净宽如何确定？

答：单扇防火门为 0.9m 和 1.0m 时，楼梯平台的净宽如表 11.1.4 所列。

住宅楼梯间采用单扇防火门时该处平台所需的最小净宽（mm）　　　表 11.1.4

门宽		平台所需的最小净宽				依据规范的条文号
		门位于侧墙上，且门洞边距梯段 260（1 个踏步宽）		门位于楼梯的对面，且偏居一侧		
洞宽	净宽	有梯井	剪刀梯	有梯井	剪刀梯	
1000	900	1200	1300	1200	1300	《建规》6.4.11-3 《住建规》6.3.3 和 6.3.4 《技术措施》8.2.7
1100	1000	1230	1360			

注：①楼梯踏步宽 260mm。
　　②楼梯转折处平台扶手距梯井边 130mm（半个踏步宽）。
　　③剪刀梯梯段间的隔墙端部与起始踏步边缘平。

（1）当住宅建筑（特别是单元式住宅）以楼梯间门宽计算疏散宽度时，其所需的宽度多≤ 1.0m（甚至≤ 0.9m）。此时楼梯间的疏散门则可相应选用净宽为 1.0m 或 0.9m 的单扇防火门。但楼梯的净宽仍应为规定的最小净宽 1.1m（《建规》第 5.5.30 条）。

（2）由于单扇门位于楼梯对面或位于侧墙上时，均应偏居一侧，故梯井和栏杆之间的宽度均不影响平台净宽的计算。

当单扇门位于楼梯对面时，宜正对下行梯段，当位于侧墙上时宜邻上行梯段，以使门扇的开启方向与楼梯人流的疏散方向一致（或者调整梯段的上下行方向）。

（3）从表 11.1.4 可以看出：

①由于《住设规》第 6.3.3 和 6.3.4 条规定，住宅楼梯间平台的最小净宽应≥ 1.2m（剪刀梯应≥ 1.3m），故当门净宽为 0.9m（门洞宽 1.0m）时，该平台的净宽已不影响其有效疏散宽度（图 11.1.4-1）。

也即：当有梯井时，该平台的净宽为 1.2m（墙面至梯段的平台总宽度为 1.33m）；当为剪刀梯时，平台净宽（也即墙面至梯段的平台总宽度）为 1.3m。

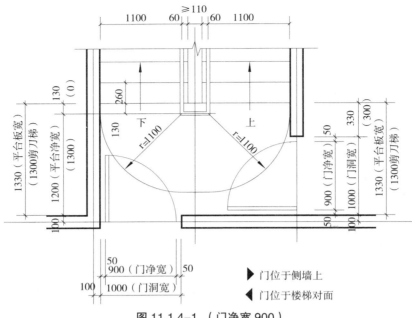

图 11.1.4-1 （门净宽 900）

②当门净宽为 1.0m 时，如门位于楼梯对面，其平台净宽仍与门净宽 0.9m 相同；而门位于侧墙上时，平台的净宽则稍有增加（有梯井时为 1.23m、剪刀梯时为 1.36m，但墙面至梯段的平台总宽度均为 1.36m）。主要是因为《技术措施》第 8.2.7 条要求：门洞边距梯段边应≥1 个踏步的宽度（260mm），否则平台的宽度亦可不增（图 11.1.4-2）。

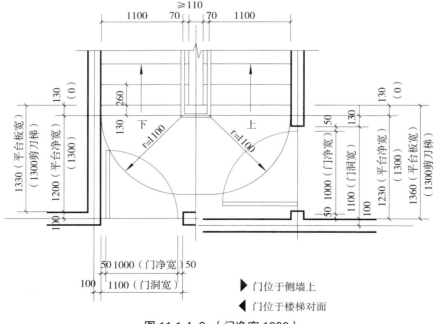

图 11.1.4-2 （门净宽 1000）

③某些小型公共建筑也以门宽计算疏散宽度时，其楼梯间的疏散门，则可能采用单扇防火门。此外，≤ 21m（≤ 7 层）的单元式住宅，开向敞开楼梯间的户门也多为单扇门。此两种情况的平台净宽参照上述分析处理。

11.1.5　楼梯间的门位于侧墙上且设置深门洞时，该处平台的净宽如何确定？

答：公共建筑的平台净宽为：楼梯净宽 +360mm；住宅建筑的平台净宽为：楼梯间净宽 +230mm。

（1）从 11.1.3 条的分析可知：当楼梯间的门位于侧墙上时，为确保门扇完全开启后不减少平台的有效疏散宽度，导致平台的净宽加大（尤其是对开扇门时），从而使楼梯间的进深增加，很不经济。因此如有条件应设置向墙外侧突出的深门洞（或走道），平台的净宽则可明显减少（图 11.1.5）。

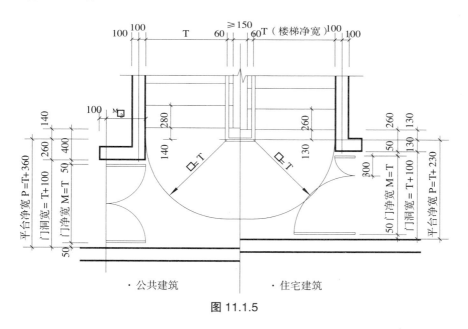

图 11.1.5

（2）根据《技术措施》图 8.2.7 的要求，此时门洞边距踏步应≥ 400mm（公共建筑）或 260mm（住宅楼梯的踏步宽度）。

当以楼梯宽度为基准计算疏散宽度时，平台和门的净宽均应≥楼梯的净宽（《建规》第 5.5.18 条条文说明和《通则》第 6.7.3 条）。依据前述的设计条件，则可推算出：

①对于公共建筑：楼梯平台的最小净宽 = 门洞宽 +400–140（半个踏步宽）=（门净宽 +100）+260= 楼梯净宽 +360（mm）。

②对于住宅建筑：楼梯平台的最小净宽 = 门洞宽 +260（踏步宽）–130（半个踏步宽）=（门净宽 +100）+130= 楼梯净宽 +230（mm）。

③当为剪刀梯时：对于公共建筑：楼梯平台的最小净宽＝门洞宽+400=（门净宽+100）+400=楼梯净宽+500（mm）。

对于住宅建筑：楼梯平台的最小净宽＝门洞宽+260（踏步宽）=（门净宽+100）+260=楼梯净宽+360（mm）。

现将上述结论汇总如表11.1.5所列。

楼梯间门位于侧墙且设置深门洞时平台的最小净宽（mm） 表11.1.5

建筑类别		不同楼梯净宽时平台的最小净宽				附注
		1100	1200	1300	1400	
公共建筑	有梯井	1460	1560	1660	1760	楼梯净宽+360
	剪刀梯	1600	1700	1800	1900	楼梯净宽+500
住宅	有梯井	1330	1430	1530	1630	楼梯净宽+230
	剪刀梯	1460	1560	1660	1760	楼梯净宽+360

（3）当以门宽为计算疏散宽度，单扇门位于侧墙上时，可不必设置突向墙外侧的深门洞，仍可按11.1.4所述设计。

（4）当楼梯间的门位于楼梯对面时，如也设置深门洞并不能减少平台的实际宽度。但可利用楼梯间内门洞两侧的剩余空间布置管道井或风井（图11.1.2-1和图11.1.2-2）。

11.1.6 楼梯间疏散门的净宽要求与防火门的标准宽度应如何协调？

答：《建规》对此无规定。

（1）楼梯间的疏散门除少量按规定可为弹簧门外，其他均应选用专业厂家制作的成品防火门。为与土建设计的模数化标准相匹配，其规格均以洞口尺寸为准，且为300mm的模数系列。其门扇完全开启后的净宽可按洞口宽度 -100mm 考虑。

以国家标准图案《防火门窗》12J609为例，主要用于楼梯间疏散的防火门洞口宽度的基本尺寸为：900、1000、1200、1500、1800、2100、2400mm。其中1000mm则系专为疏散门最小净宽900mm而设计的（因其用量最多），其他门宽则依次以300mm为模数递增。

（2）前已述及，当以楼梯间疏散门的净宽计算疏散宽度时，其净宽应 ≥ 900mm；当以楼梯净宽计算疏散宽度时，疏散门的净宽应 ≥ 楼梯的净宽。因此，疏散门的净宽可为900、1000、1100、1200、1300mm……等相差100mm的系列数值。

然而，由于每股人流的计算宽度为550mm，故二、三、四股人流的基本宽度分别为1100、1650、2200mm。但是，当多人瞬间通过疏散门时，可有一人侧身而行，因此比上述基本宽度 -200mm 以内的门宽，仍可以疏散相同的人流股数；而比上述基本宽度 +200mm 以内的门宽，并不能增加人流股数。以门净宽 900~1300mm 为例，均只能疏散 2 股人流，仅瞬间的宽松感觉不同。

据此，则得出不同疏散净宽时，楼梯间防火门应选用的标准宽度（表 11.1.6）。

（3）鉴于《建规》对此无任何规定（但在其第 5.5.16 条条文说明中，要求影剧院、体育场馆疏散门的净宽宜为每股人流宽度的倍数），故上述措施仅供参考。并期望相关规范能给予研究解决。

不同净宽要求时楼梯间标准防火门的选用　　　　　　　　表 11.1.6

楼梯疏散门的净宽要求（mm）	选用标准防火门的宽度规格		可通过的人流股数	
	净宽度（mm）	洞口宽度（mm）	一般情况（均正身通过）	特殊情况（1 人侧身通过）
900 1000	900	1000	1（550mm）	2
1100 1200 1300	1100	1200	2（1100mm）	—
1400 1500	1400	1500	2	3
1600 1700 1800 1900	1700	1800	3（1650mm）	—
2000 2100	2000	2100	3	4
2200 2300 2400	2300	2400	4（2200mm）	—

11.2 特定条件下的安全疏散距离

11.2.1 厅堂内的最大疏散距离为"直线距离"，应如何理解？

答：系指以疏散门或安全出口为圆心时，以最大疏散距离为半径的长度。

（1）《建规》第 5.5.17-4 条规定："一、二级耐火等级建筑内疏散门或安全出口 ≥ 2 个的观众厅、展览厅、多功能厅、餐厅、营业厅，其室内任一点至最近疏散门或安全出口的直线距离应 ≤ 30m"。该"直线距离"系指以疏散门或安全出口为圆心时，以最大疏散距离为半径的长度（即 30m，有喷淋时为 37.5m）。据此所画的多个圆面积如能覆盖整个厅堂，则室内疏散距离合格；若出现"空白区"，则需调整疏散门或安全出口的位置，甚至增加数量。

但该"直线距离"并非疏散路径，因为不仅观众厅有固定座席，其他厅堂也将布置展台、餐桌、货柜等，疏散路径实际为折线——即"行走距离"。

（2）应提醒的是：某些大空间室内场所（如商场、游泳馆、滑冰馆等），如有不可穿越的部位或设施（如中庭、泳池、冰场等），则应按实际疏散路径的折线长度计算，而不能以"直线距离"控制。

同理，当大空间厅堂内又设有小房间时，该"直线距离"应为：小房间内最远点至房门的距离 + 房门至厅堂疏散门（或安全出口）的折线长度。

（3）《建规图示》5.5.17 图示 7 的左图要求：观众厅、展览厅、多功能厅、餐厅、营业厅内的直线疏散距离应 ≤ 30m（有喷淋时 ≤ 37.5m）；且右图同时要求疏散时的"行走距离"应 ≤ 45m。其根据为《人员密集场所消防安全管理》GA654—2006 第 8.3.3.4 条的规定："营业厅内任一点至最近安全出口的直线距离宜 ≤ 30m，且行走距离应 ≤ 45m"。

但问题在于：

①该规范主要针对建筑物建成使用后的"消防安全管理"。在建筑施工图设计阶段，营业厅内的柜台、展览厅内的展台、餐厅内的席位等均未定位，无法得知最终的疏散路径及其"行走距离"。故此项要求在施工图的防火设计中难以兑现，建议仅执行关于疏散"直线距离"的规定即可。当然，在上述场所的室内设计阶段则应严格执行该项规定。

②该项规定仅限于"营业厅"，其他展览厅等是否也通用？

11.2.2 位于公共建筑大厅堂内的小房间，其室内任一点至大厅堂疏散门或安全出口的最大距离如何确定？

答：应 ≤ 30m（有喷淋时应 ≤ 37.5m）。

《建规》对此尚无明确的条文规定，但在《建规图示》5.5.17 图示 7 的右图中要求该距离 $a_1 + a_2 \leq 45m$（行走距离）。

式中　a_1——小房间内任一点至其房门的距离。该值根据不同的建筑类别，应 $\leq$《建规》表 5.5.17 中袋形走道两侧或尽端的疏散门至最近安全出口的距离。

　　　　a_2——小房间房门至大厅堂疏散门或安全出口的距离。但基于 6.1.12 的分析，要求 $a_1 + a_2 \leq 45m$（行走距离），显然不妥，因在施工图阶段"行走距离"难以确定（其图示中也仅以房门至大厅堂疏散门或安全出口的直线距离表示）。

　　故建议执行：$a_1 + a_2 \leq 30m$（有喷淋时 $\leq 37.5m$）的规定更为确切。

11.2.3　位于公共建筑内连接两个安全出口主走道上，又有与其相通的袋形支道，该袋形支道安全疏散距离的限值应如何计算？

　　答：《建规》无明文规定，下述公式仅供参考。

（1）《建筑设计资料集》（第二版）第一册第 112 页提供的公式为：$a + 2b \leq x$（图 11.2.3-1）。

式中　a——主走道与袋形支道中心线交点至最近安全出口的距离；

　　　　b——袋形支道两侧或尽端房门至上述交点的距离；

　　　　x——位于两个安全出口之间房门至最近安全出口允许的最大距离。其值见《建规》表 5.5.17（本书 6.1.1）。

式中的"2b"系根据人员疏散时，有可能因惊慌失措，误入袋形支道，发现不通后又返回主走道的距离。

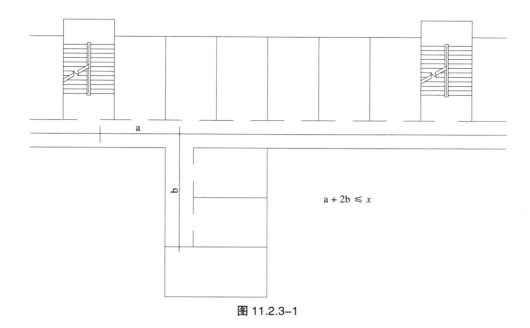

$$a + 2b \leq x$$

图 11.2.3-1

（2）为便于理解，现以《建规》表5.5.17中，一级和二级耐火等级的单、多层其他公共建筑为例，分析如下：

此时，x=40m 即 a+2b≤40m；又知 y=22m（位于袋形道两侧或尽端房门至最近安全出口允许的最大距离）。

● 设 a=0 时，2b=40m 即 b=20m，但此时原袋形支道已为"纯粹"的袋形走道，故 b≤y=22m 即可。

● 设 a=4m 时，2b=40m–4m=36m 即 b=18m，则有 a+b=4m+18m=22m=y，故知当 0<a≤4m 时，a+b≤y（22m）。

● 设 a=40m 时，2b=40m–40m=0m 即 b=0m，也即不得再设袋形支路，如必须设置，需应在该支道内增加安全出口。

● 设 a=36m 时，2b=40m–36m=4m 即 b=2m，则有 a+b=36m+2m=38m>y（22m），故知当 4m<a≤40m 时，a+b>y（22m）。

综上所述，可明确两点：

①当 a 值较小且 a+b≤y 时，用该公式计算则无必要。

②当 a 值较大但 <x 时，a+b 可以 >y。当 a=x 时，则该袋形支道内应增设安全出口。

（3）而《建规图示》5.5.17 图示 2 的计算公式的原理虽然相同，但仅于限高层和展览建筑，且需计入走道宽度，致使当袋形支道位于安全出口同侧和异侧时，计算较为复杂且差别较大。分别如图 11.2.3-2 和图 11.2.3-3 所示。

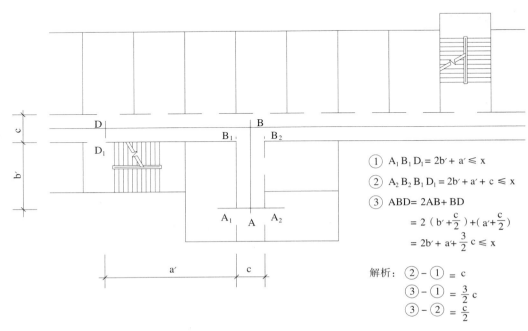

$①\ A_1B_1D_1 = 2b' + a' \leq x$

$②\ A_2B_2B_1D_1 = 2b' + a' + c \leq x$

$③\ ABD = 2AB + BD$

$$= 2\left(b' + \frac{c}{2}\right) + \left(a' + \frac{c}{2}\right)$$

$$= 2b' + a' + \frac{3}{2}c \leq x$$

解析：$② - ① = c$

$③ - ① = \frac{3}{2}c$

$③ - ② = \frac{c}{2}$

图 11.2.3-2

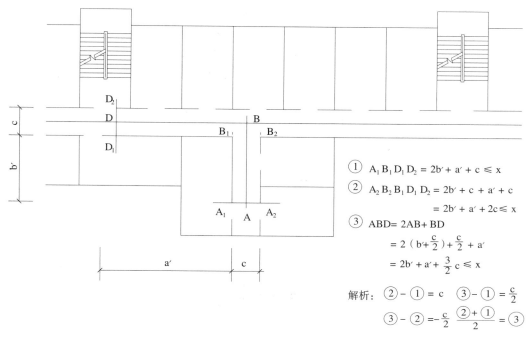

图 11.2.3-3

从中可以看出：

①袋形支道两侧相对房门至最近安全出口的距离相差 1 个走道宽度（设主走道与袋形支道的宽度相同，以简化计算）。

②当袋形支道与最近安全出口位于主走道的异侧时，袋形支道两侧相对房门至最近安全出口的距离均各自增加 1 个走道宽度。

③上述完全计入走道宽度的计算方法，虽然较为精确，但过于复杂。而沿走道中心线的计算方法，则无须考虑袋形支道与最近安全出口的相对位置，以及房门位于走道的哪一侧等因素。计算简单明确，故宜推荐采用。

④从本示例还可知：当走道有转折时，沿走道中心线计算疏散距离的方法，实际也计入了转折处的走道宽度，只是在房门和安全出口处未计入而已。

（4）对于袋形走道内又有支道时（图 11.2.3-4），其安全疏散距离应如何控制，尚未见任何相关规定。但根据袋形走道安全疏散距离的限值 $2y \approx x$ 的原意——即疏散时可能在袋形走道内往返的最不利情况，其计算公式似应为：$a+2b_1+2b_2+a \leq 2y$ 即 $a+b_1+b_2 \leq y$

此时还可能出现三种情况：

①如袋形走道无支道，即 $b_2=0$ 则 $b_1+a \leq y$；

②如为转角形的袋形走道，即 $b_1=0$ 则 $b_2+a \leq y$；

③如为两条分别与安全出口相邻的袋形走道，即 $a=0$ 则 $b_1 \leq y$ 和 $b_2 \leq y$（即应分别计算其疏散距离）。

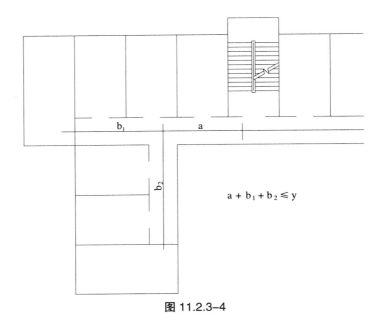

$$a + b_1 + b_2 \leqslant y$$

图 11.2.3-4

11.3　关于宿舍建筑防火设计问题的讨论

11.3.1　问题的由来

（1）宿舍建筑系指："有集中管理且供单身人士使用的居住建筑"。按其平面布置的特点可为通廊式（内廊或外廊）和单元式两类。详见《宿舍建筑设计规范》（简称《宿设规》）第 2.0.1 和第 4.5.2 条条文说明。

（2）《通则》第 3.1.1 条将民用建筑按使用功能分为居住建筑和公共建筑两大类，其中宿舍属于居住建筑。但现行的《建规》根据防火设计的特点，将民用建筑改变分为公共建筑和住宅建筑两类。并规定"除本规范另有规定外，宿舍、公寓等非住宅类居住建筑的防火要求，应符合本规范有关公共建筑的规定"（《建规》表 5.1.1 注 2）。同时，在该条文说明中举例明确指出："用作宿舍的学生公寓或职工公寓，就可以按照公共建筑的一般要求确定其防火设计要求；而酒店式公寓的用途及其火灾危险性与旅馆建筑类似，其防火要求就需要根据本规范有关旅馆建筑的要求确定。"

（3）但问题在于《宿设规》至今仍是 2005 年编制的，其内有关防火设计的规定，均以旧《建规》和现已作废的《高层民用建筑设计防火规范》为依据，尚未与现行《建规》同步修订。因此两规范的防火设计规定，特别是有关安全疏散的要求，差异较大。

因此，本节将对两规范中针对同一防火措施的不同规定进行对比和分析，并建议在设计时，宿舍建筑应按《建规》中公共建筑的一般要求确定其防火措施。同时，在《宿设规》未修编前，基于宿舍使用特点补充或严于《建规》的个别防火规定也应执行，否则应取得消防审批部门的认可。

11.3.2　疏散楼梯的选型

（1）宿舍建筑的高度取决于居室的层高，根据《宿设规》第 4.4.1 条的规定，当为单层床时居室的层高应 ≥ 2.8m；当为双层床或高架床时居室的层高应 ≥ 3.6m。两者相差达 0.8m，因此如同为 10 层的两类宿舍，其建筑高度可相差 8m！

（2）《宿设规》第 4.5.2 条规定：宿舍地上层疏散楼梯的选型仅以层数限定；但现行《建规》则以建筑高度限定，并在某些情况下，同时限定层数。现将两个规范的相关规定汇总对照，如表 11.3.2 所列。

（3）从该表可知，两规范的相关规定差异较大。以防烟楼梯间为例，当为单元式宿舍并为双层床或高架床居室时，《宿设规》限定的建筑高度（≥ 68.4m）与《建规》的限定值（> 32m）相差 36.4m 之多，显然不合理！因此，就宿舍建筑地上层疏散楼梯的选型而言，应执行《建规》的相关规定，否则应征得消防审批部门的认可。

宿舍建筑地上层疏散楼梯的选型　　　　　　表 11.3.2

规范名称及条文号		疏散楼梯的类型		
		敞开楼梯间	封闭楼梯间	防烟楼梯间
《建规》5.5.12 和 5.5.13		≤ 24m 且≤ 5 层（外廊不限）	≤ 32m 且≤ 6 层（多层外廊除外）	>32m
《宿设规》4.5.2	通廊式宿舍	≤ 6 层 （≤ 21.6m）	7~11 层 （25.2~39.6m）	≥ 12 层 （≥ 43.2m）
	单元式宿舍	≤ 11 层 （≤ 39.6m）	12~18 层 （43.2~64.8m）	≥ 19 层 （≥ 68.4m）

注：①《建规》限定的建筑高度均含室内外高差。
　　②（　）内数值为采用双层床或高架床时，按层高 3.6m 折算的相应建筑高度，且未计入室内外高差。

（4）关于剪刀梯和半地下室疏散楼梯的提示：

①对于 >32m 选用防烟楼梯间的高层宿舍，如任一疏散门至最近楼梯间≤ 10m 时，可采用剪刀梯（《建规》第 5.5.10 和 6.4.3 及本书 6.2.3）。

②《宿设规》第 4.2.6 和 4.2.7 条规定，宿舍居室不应布置在地下室内，但允许（不宜）布置在半地下室内。此时，根据《建规》第 6.4.4–1 条，因其地面距室外地坪 <10m，故应采用封闭楼梯间。如宿舍与设备用房、库房、自行车库等其他功能的房间位于同一半地下室内时，则二者之间应采取防火隔离措施，且应分别设置通往地上的安全出口。

11.3.3　疏散宽度

（1）每百人最小疏散净宽度指标（m/100 人）

①宿舍建筑每层房间疏散门、安全出口、疏散走道和疏散楼梯的每百人最小疏散净宽指标（m/100 人）如表 11.3.3–1 所列。

每百人最小疏散净宽度指标　　　　　　表 11.3.3–1

规范及条文号	建筑层数		耐 火 等 级		
			一、二级	三级	四级
《建规》5.5.21	地上层	1 和 2 层	0.65	0.75	1.00
		3 层	0.75	1.00	—
		≥ 4 层	1.00	1.25 （≤ 5 层）	—
	半地下室		0.75 （一级）	—	—
《宿设规》4.5.3	不限层数		均为 1.00		

注：单位为 m/100 人。

②鉴于宿舍建筑人流密集且使用集中，宜从严要求，故建议：除耐火等级为三级且≤ 5 层的宿舍仍按《建规》选用 1.25m/100 人指标外，则可执行《宿设规》的规定，不分层数和耐火等级每百人最小净宽度均可采用 1.00m/100 人。

（2）宿舍建筑各部位的疏散最小净宽度（m）如表 11.3.3-2 所列。

宿舍建筑各部位的疏散最小净宽度（m）　　　　　表 11.3.3-2

规范及条文号	层数	疏散楼梯	疏散走道		安全出口			疏散门
			单面布房	双面布房	首层疏散外门	首层楼梯间门	其他	
《建规》5.5.18	多层	1.1	1.1	1.1	0.9	0.9	0.9	0.9
	高层	1.2	1.3	1.4	1.2	1.2	0.9	0.9
《宿设规》4.5.3、4.5.7 和 4.6.8	不限	1.2	未涉及		1.4	未涉及		0.9

注：单位均为 m。

从严而论，根据上表建议：不论多层或高层宿舍建筑，其疏散楼梯和首层疏散外门的最小净宽度，应按《宿设规》分别为 1.2m 和 1.4m。其他部位均应执行《建规》的相应规定。

11.3.4　楼梯通至屋面

（1）《建规》第 5.5.3 条规定："建筑的楼梯间宜通至屋面，通向屋面的门或窗应向外开启"。该项要求系针对所有民用建筑而言，其目的在于为火灾时提供更多的疏散、避难和救援机会，以及方便日常维修和登临。因此，宿舍建筑（特别是通廊式宿舍）的楼梯间均宜通至屋面，且宜≥ 2 座。

（2）《宿设规》第 4.5.2-2 条规定："单元式宿舍≥ 7 层时，各单元的楼梯间均应通至屋顶。但≤ 10 层的宿舍在每层居室通向楼梯间的出入口处，有乙级防火门分隔时，则该楼梯间可不通至屋顶"。根据该条条文说明，可知该规定系针对单元式宿舍的平面特点而言的，对通廊式宿舍则未涉及。建议均应执行《建规》的规定，将楼梯间通至屋面。

11.3.5　楼梯间直接采光和通风

（1）作为对疏散楼梯通用的防火要求，《建规》第 6.4.1-1 条规定："楼梯间应能天然采光和自然通风，并宜靠外墙设置。靠外墙设置时，楼梯间、前室及合用前室外墙上的窗口与两侧门、窗、洞口最近边缘的水平距离不应小于 1m。"该项规定对多层建筑尤其重要，因为此时的敞开或封闭楼梯间不仅用于消防疏散和救援，更是日常上下步行的通道，必须保证有良好的采光和通风。

但该条并非强制性条文，当确实难以满足自然通风时（天然采光也必然难以保证），则应设置机械加压送风系统或采用防烟楼梯间（详见《建规》第 6.4.2-1 条）。

（2）《宿设规》第4.5.2-3条也规定："楼梯间应有直接采光、通风"。此条也非强制性条文，且不如《建规》的规定具体和全面，故建议执行《建规》即可。

11.3.6　安全疏散标示

《宿设规》第4.1.4条规定："宿舍内应设置消防安全疏散指示图以及明显的安全疏散标志"。但《建规》对此未涉及，可能是因为此项要求属于室内设计和物业管理的范畴，建筑施工图中无须表达。

11.3.7　《建规》内有关宿舍建筑防火设计规定摘编

为便于在宿舍建筑防火设计时执行《建规》的相关规定，现将《建规》的部分条文梳理摘编如后。其中以建筑分类、耐火等级、防火分区和安全疏散为主，至于总平面布局、防火间距、消防救援和建筑构造等防火要求，均系通用性规定，则可直接查阅原文。

（1）宿舍建筑的耐火等级、允许的建筑高度和防火分区面积

根据《建规》第5.1.1、5.1.3和5.3.1条的规定，对于不同耐火等级的宿舍建筑，其允许的建筑高度（或层数），以及防火分区的最大建筑面积汇总如表11.3.7-1所列。

表 11.3.7-1

名称	允许的建筑高度和层数	耐火等级	层位	防火分区的最大建筑面积
高层宿舍	>50m（一类高层民用建筑）	一级	地上层	1500m² × 2=3000m²（注1）
			半地下室	500m² × 2=1000m²（注1）
	>24m 但 ≤ 50m（二类高层民用建筑）	一、二级	地上层	1500m²+ 局部喷淋面积（注2）
		一级	半地下室	500m²+ 局部喷淋面积（注2）
单和多层宿舍	≤ 24m（单、多层民用建筑）	一、二级	地上层	2500m²
	≤ 24m 且 ≤ 5 层	三级		1200m²
	≤ 24m 且 ≤ 2 层	四级		600m²
	—	一级	半地下室	500m²

注：①根据《建规》第8.3.3条和表5.3.1注1的规定，>50m的宿舍属于一类高层民用建筑，均应设置自动喷水灭火系统（含地下、半地下室），其防火分区的最大建筑面积可增加一倍。
②同时还规定，>24m 但 ≤ 50m的宿舍属于二类高层民用建筑，在其内的公共活动用房、走道、办公室、可燃性仓库等处应设置自动喷水灭火系统（含地下、半地下室）。其防火分区的最大建筑面积在该局部设置区域内也增加1倍。

（2）宿舍建筑安全出口的数量

根据《建规》的规定，宿舍建筑每个防火分区或一个防火分区的每个楼层，其安全出口的数量应经计算确定，且不应少于2个。但单、多层宿舍和半地下室符合下列条件之一者，可设置1个安全出口或1部疏散楼梯。详如表11.3.7-2所列。

宿舍建筑可设置一个安全出口的条件　　　　　表 11.3.7–2

宿舍的层数	耐火等级	最多层数	每层或一个防火分区的面积	限定人数	《建规》条文号
单层或多层的首层	不限	1 层或首层	200m²	50 人	5.5.8
	一、二级	3 层	200m²	50 人（二、三层之和）	
	三级	3 层		25 人（二、三层之和）	
	四级	2 层		15 人（仅二层）	
半地下室	一级	埋深<10m	50m²	15 人	5.5.5
			500m²（注）	30 人	

注：直通室外的金属竖梯可作为半地下室的第二安全出口。

（3）宿舍建筑的安全疏散距离

①直通疏散走道房间疏散门至最近安全出口的最大距离，如表 11.3.7–3 所列。

②室内任一点至直通疏散走道疏散门的最大直线距离，查阅本书表 6.1.2 中的"其他建筑"即可。

③宿舍建筑楼梯间在首层与对外出口的最大距离，详见本书 6.1.3 和 6.1.4。

宿舍建筑的安全疏散距离　　　　　　　表 11.3.7–3

宿舍类别	耐火等级	位于两个安全出口之间的疏散门			位于袋形走道两侧或尽端的疏散门		
		至封闭或防烟楼梯间（m）	至敞开楼梯间（m）	经敞开外廊至安全出口（m）	至封闭或防烟楼梯间（m）	至敞开楼梯间（m）	经敞开外廊至安全出口（m）
		A	A–5	A+5	B	B–5	B+5
高层（>50m）	一级	〈50〉	—	—	〈25〉ⓐ	—	—
高层（≤ 50m）	一、二级	40	—	45	20ⓑ	—	25
单或多层（≤ 24m）	一、二级	40（>5层）	35（≤ 5层）	45	22ⓒ	20	27
	三级（≤ 5层）	35	30	40	20	18	25
	四级（≤ 2层）	25	20	30	15	13	20
半地下室	一级	40〈50〉	—	—	同ⓐ、ⓑ、ⓒ	—	—

注：〈 〉内为宿舍全部设置自动喷水灭火系统时增加 25% 后的距离值。

备 忘 录
新《建规》增改条文提要

新《建规》在前言内指出，与《建筑设计防火规范》（2006 年版）和《高层民用建筑设计防火规范》（2005 年版）相比，主要有以下变化：

- 合并了原《建规》和《高规》，并调整了两规范间不协调的要求，将住宅建筑的高、多层分类统一按照建筑高度划分；
- 增加了灭火救援设施和木结构建筑两章，完善和系统规定了两者的防火要求；
- 补充了建筑保温系统的防火要求；
- 将消防设施的设置独立成章并完善了有关内容；取消了消防给水系统、室内外消火栓系统和防烟排烟系统设计的要求，分别由相应的国家标准作出规定；
- 适当提高了高层住宅建筑和建筑高度大于 100m 的高层民用建筑的防火技术要求；
- 补充了有顶棚商业步行街相关的防火要求；调整、补充了建材、家具、灯饰商店营业厅和展览厅的设计疏散人员密度；
- 完善了防止建筑火灾竖向或水平蔓延的相关要求；
- 补充和调整了地下仓库、物流建筑、液体和气体储罐（区）的防火要求。

据此，本备忘录仅就民用建筑（木结构建筑除外），涉及建筑专业上述变化的条文进行对照和梳理，并将增改处摘记和提示，以利废旧立新，正确理解和执行。

A. 术语

A.1　商业服务网点仅限于设置在"住宅建筑"的首层或首层及二层，不含"非住宅类居住建筑"（本书 1.0.3）。

A.2　"非封闭楼梯间"统一称为"敞开楼梯间"（本书 2.0.1）。

A.3　新规定：住宅室内外高差 ≤ 1.5m 的部分不计入建筑高度（本书 2.0.3）。

A.4　建筑为坡屋顶时，其建筑高度明确为：由"室外设计地面"至"檐口与屋脊的平均高度"，而不是至"檐口"的高度（本书 2.0.3）。

A.5　建筑屋顶局部突出部分的面积比例 >1/4 时，改为应计入建筑高度，从而与《通则》的规定一致。但根据《建规》第 A.0.2 条的规定，仍可不计入建筑层数（本书 2.0.5）。

A.6　建筑层数应按建筑的"自然层数"计算，但符合《建规》第 A.0.2 条者除外。

A.7 室内顶板面高出室外设计地面≤1.5m的地下、半地下室，《建规》规定不计入建筑层数，但与《住设规》的规定（≤2.2m）有异（本书2.0.4）。

A.8 明确了"防火墙"与"防火隔墙"的区别（本书2.0.9）。

B. 建筑分类与耐火等级

B.1 民用建筑的防火设计仅分为"住宅建筑"和"公共建筑"两大类。非住宅类的"居住建筑"均执行"公共建筑"的防火设计规定（《建规》表5.1.1）。

B.2 高层住宅建筑仍应首先进行建筑防火分类（一类或二类）。此点与《住建规》的规定不同（本书3.0.1）。

B.3 明确了下部设置商业服务网点的住宅仍属于住宅建筑；多种功能组合的建筑仍限于公共建筑，当住宅的下部设置商业或其他功能的裙房时（如商住楼），该建筑不同部分的防火设计应按《建规》第5.4.10条的规定进行（本书3.0.4）。

B.4 建筑构件的燃烧性能统一称为："不燃性、难燃性、可燃性"，与《住建规》一致（本书3.0.2）。

B.5 住宅建筑构件的燃烧性能和耐火极限可执行《住建规》的规定，故住宅的耐火等级为三、四级时，其允许的最多建造层数应执行《住建规》的规定（9层和3层）。至于住宅的耐火等级为一、二级时，则可执行《建规》的规定，因此时两规范的最多允许建造层数相同（本书3.0.1和3.0.3）。

C. 防火间距

C.1 明确规定："相邻建筑通过连廊、天桥或底部建筑物等连接时，其间距仍不应小于相应的民用建筑之间的防火间距（《建规》表5.2.2注6）"。

C.2 在同一栋民用建筑内，属于不同防火分区的相对外墙之间也应满足相应的防火间距（本书4.0.1）。

C.3 民用建筑与相邻建筑的防火间距当符合规定条件时即可减少，但建筑高度>100m时除外（《建规》第5.2.6条）。

D. 防火分区

D.1 《住建规》认为住宅建筑可不划分防火分区，但《建规》对此仍无明确规定（本书5.1.3）。

D.2 高层民用建筑防火分区的最大允许面积均为1500m²，与类别无关（《建规》第5.3.1条）。

D.3 与中庭连通的各层建面积之和大于允许最大防火分区面积时，与中庭相连通的门、窗（含与过厅或通道相通者）均应采用火灾时能自动关闭的甲级防火门、窗；当采用防火玻璃墙时，对其耐火隔热性和完整性也均有限定（《建规》第 5.3.2 条）。

D.4 《建规》无涉及有关防烟分区及相关的构造措施。

E. 平面布置

E.1 增加了关于有顶棚商业步行街的防火规定（本书 10.4 节）。

E.2 明确了商业服务网点仅能位于住宅建筑的首层或首层及二层；规定了每个分隔单元的安全出口的数量和疏散距离；《建规图示》则表明室内可采用敞开楼梯且未限定其最小宽度（本书 10.3 节）。

E.3 裙房与高层建筑主体之间无防火墙分隔时，除建筑间距外均应符合有关高层民用建筑的防火规定；二者之间有防火墙分隔时，裙房的防火分区、疏散楼梯可按单、多层建筑的要求确定（本书 2.0.6）。

E.4 住宅建筑与其他功能的建筑合建时，两部分的安全疏散、防火分区和室内消防设施的配置，可按各自的高度分别执行住宅和公共建筑的防火规定；该建筑的其他防火规定则应根据其建筑总高度和规模执行公共防火规定（《建规》第 5.4.10-3 条）。

E.5 增加了医院和疗养院住院部分的层位布置要求，以及病房楼内相邻护理单元之间的防火分隔措施（本书 5.2.1）。

E.6 明确了直通建筑内附设汽车库的电梯，应在汽车库部分设置电梯候梯厅，并应与汽车库采取防火分隔措施（本书 8.1.9）。

F. 公共建筑的安全疏散与避难

F.1 公共建筑可利用通向相邻防火分区的甲级防火门作为安全出口，但对该安全出口及直通室外安全出口的疏散宽度有所限定（本书 6.1.5）。

F.2 当防火分区的建筑面积 ≤ 1000m² 时，通向相邻防火分区的甲级防火门可作为该防火分区的第二安全出口，故该防火分区只需再设 1 个直通室外的安全出口即可。且无地上层与地下层之分，也与有无自动灭火系统无关（本书 6.1.5 和 10.1.2）。

F.3 公共建筑设置剪刀楼梯间时，增加了"任一疏散门至最近疏散楼梯间入口的距离应 <10m"的规定（《建规》第 5.5.10 条）。

F.4 设置歌舞娱乐放映游艺场所的建筑，以及商店、图书馆、展览建筑、会议中心、医疗建筑、旅馆、老年人建筑和类似使用功能的建筑，均应采用封闭楼梯间，仅二层者也不例外（《建规》第 5.5.13 条）。

F.5 大空间厅堂内任一点至最近疏散门（应 ≥ 2 个）的直线距离应 ≤ 30m，当疏散门不能直通室外地面或疏散楼梯间时，应采用 ≤ 10m 的疏散走道直通最近的安全出口（《建规》第 5.5.17-4 条）。

F.6 计算商店营业厅疏散人数时，取消了建筑面积折算系数；调整了人员密度值，对于建材、家具、灯饰商店该值按 30% 确定（《建规》第 5.5.21 条）。

G. 住宅建筑的安全疏散与避难

G.1　住宅建筑均以建筑高度和"住宅单元"表述其防火措施（即不再按住宅的建筑层数和类型），其中"住宅单元"的含义与《住建规》一致。

G.2　采用剪刀楼梯间时，增加了任一户门至疏散楼梯间入口的距离应 ≤ 10m 的要求（本书 6.2.3）。

G.3　当首层的公共区无可燃物且首层的户门不直接开向前室时，住宅建筑的剪刀楼梯间在首层的对外出口可以合用，但宽度需满足人员疏散的要求（本书 7.1.2）。

G.4　跃层式住宅户内楼梯的疏散距离改为按其梯段水平投影长度的 1.5 倍计算（《建规》第 5.5.29-3 注）。

G.5　开向防烟楼梯间前室的户门应 ≤ 3 樘（《建规》第 5.5.27 条）。

G.6　建筑高度 >100m 的住宅也应设置避难层；建筑高度 >54m 的住宅每户应设 1 间避难房间（《建规》第 5.5.31 和 5.5.32 条）。

H. 建筑构造

H.1　墙体

（1）明确了建筑外窗窗槛墙的高度应 ≥ 1.2m（室内有自动喷水灭火系统时应 ≥ 0.8m）或为防火挑檐；也可设防火玻璃墙（对其耐火完整性有限定）。详见本书 8.1.1。

（2）分户墙两侧外门窗的净距应 ≥ 1.0m 或为突出外墙面 ≥ 0.6m 的隔板（本书 8.1.4）

（3）楼梯间的外门窗与相邻外门窗之间的净距应 ≥ 1.0m（本书 8.1.4）。

（4）门厅不必与其他部位进行防火分隔（为扩大封闭楼梯间或前室时除外），但民用建筑内的附属库房、住宅建筑内的机动车库则应与其他部位进行防火分隔（《建规》第 6.2.3 条）。

（5）医疗建筑内的产房、重症监护室、贵重精密医疗装备用房、储藏间、实验室、胶片室等也应与其他部位进行防火分隔（《建规》第 6.2.2 条）

H.2　楼梯间

（1）明确规定：除住宅套内自用楼梯外，埋深 ≥ 10m 或 ≥ 3 层的地下、半地下室应采用防烟楼梯间，其他可采用封闭楼梯间（本书 6.2.2 和 7.2.2）。

（2）明确了封闭楼梯间何时可采用双向弹簧门（本书 8.2.9）。

（3）当不能自然通风或不能满足要求时，封闭楼梯可设置加压送风系统，不必均改设防烟楼梯间（本书 8.2.10）。

（4）开向疏散楼梯或疏散楼梯间的门，不应减少楼梯平台的有效疏散宽度（本书 11.1）。

H.3　防火门和防火卷帘

（1）防火门窗的分类和耐火性能已执行新的国家标准，其中甲、乙、丙级防火门窗的耐火隔热性和耐火完整性指标，分别为 1.5h、1.0h、0.5h。

（2）除中庭外，设置防火卷帘时，对其宽度有所限制（《建规》第 6.5.3 条）。

（3）增加了关于建筑保温和外墙装饰的防火规定，详见本书 8.4 节。

I. 消防救援

I.1 对于住宅建筑和山地或河道边临空建造的高层建筑，可沿其一个长边设置消防车道（《建规》第 7.1.2 条）。

I.2 消防车车道边缘与相邻建筑外墙的距离宜 ≥ 5m，且与相邻建筑的高度无关（本书 9.1.3）。

I.3 增加了关于设置消防车登高操作场地的规定（《建规》第 7.2.2 条）。

I.4 ≤ 50m 的高层建筑可以间隔设置消防车登高操作场地，但应符合相关规定（本书 9.1.2）。

I.5 与消防车登高操作场地相对应的高层建筑外墙，在该范围内裙房的宽度应 ≤ 4m，但高度 ≤ 24m 即可；除应设有通向楼梯间的出入口外，公共建筑的每层尚应增设供消防人员进入的窗口（本书 9.1.2）。

I.6 地上层的消防电梯均应通至地下层。埋深 >10m 且总建筑面积 >3000m^2 的地下建筑（室）均应设置消防电梯（本书 9.2.1）。

I.7 每个防火分区内的消防电梯不应少于 1 台（本书 9.2.1）。

I.8 消防电梯前室或合用前室的门应为乙级防火门，不应设置防火卷帘；符合规定的户门可以开向合用前室（《建规》第 7.3.5）。